"十三五"普通高等教育本科规划教材

高分子材料与工程专业实验

周春华　主编　张　献　滕谋勇　副主编

化学工业出版社

·北京·

本教材是山东省精品课程群"高分子材料与工程专业系列课程"（包括高分子化学、高分子物理、聚合物合成工艺学、聚合物成型工艺学和功能高分子）的配套教材，是根据我国高分子材料行业需求现状、国家新工科建设和工程教育专业认证的要求编写的。全书包括 4 部分，其中高分子化学实验 24 个、高分子物理实验 21 个、高分子材料成型加工实验 15 个、综合实验 1 个，并附有相关的高分子材料与工程专业实验的一些基本数据、实验报告模板和综合实验报告模板。本实验教材的主要特点是理论与实际紧密结合，对提高工科院校学生的理论学习能力、基本实验操作能力、动手能力和解决复杂工程问题的能力有较大的指导意义。

本教材可作为应用型大专院校的高分子材料与工程等专业的实验教材，也可供从事高分子科学研究、设计、生产和应用的人员参考。

图书在版编目（CIP）数据

高分子材料与工程专业实验/周春华主编. —北京：
化学工业出版社，2017.12（2023.1 重印）
"十三五"普通高等教育本科规划教材
ISBN 978-7-122-30916-7

Ⅰ.①高… Ⅱ.①周… Ⅲ.①高分子材料-实验-高
等学校-教材 Ⅳ.①TB324.02

中国版本图书馆 CIP 数据核字（2017）第 261857 号

责任编辑：王 婧 杨 菁 装帧设计：张 辉
责任校对：王 静

出版发行：化学工业出版社（北京市东城区青年湖南街 13 号 邮政编码 100011）
印 装：涿州市般润文化传播有限公司
787mm×1092mm 1/16 印张 11 字数 276 千字 2023 年 1 月北京第 1 版第 4 次印刷

购书咨询：010-64518888 售后服务：010-64518899
网 址：http://www.cip.com.cn
凡购买本书，如有缺损质量问题，本社销售中心负责调换。

定 价：49.00 元

前　言

本书是大专院校高分子材料与工程等专业的实验教材，是根据我国高分子材料行业需求现状、国家新工科建设和高分子材料与工程专业工程教育专业认证的要求在多年实践教学的基础上编写的，是山东省精品课程群"高分子材料与工程专业系列课程"的配套教材。

本书将高分子材料与工程专业开设的专业实验模块编于一书，便于教学使用，包括高分子化学实验、高分子物理实验、高分子材料成型加工实验和综合实验四部分内容。高分子化学实验包含实验室制度及安全规则、基本常识和实验仪器操作，符合国家工程教育专业认证对学生安全教育的要求。实验包括基础实验、设计实验和综合实验。根据当下高分子材料学科和行业的发展需求，增加了相关的工业产品性能测试实验，并将最新的实验仪器和大型科研仪器应用到本科生实验中，以适应新工科建设需求和专业工程认证要求。本实验教材增加了大型综合实验，这是以往的实验教材中没有的，以涂料生产和可口可乐瓶子生产为例，学生可完成完整的高分子材料加工的工业产品的生产与性能测试，目的是培养学生动手能力、创新创业能力和解决复杂工程问题能力。每部分内容后附有相关的高分子材料与工程专业实验的一些基本数据、实验报告模板和综合实验报告模板。

本书由周春华教授主编，张献教授和滕谋勇教授副主编。具体编写分工如下。

第一部分高分子化学实验：基础实验（实验一～四）、设计实验（实验一～十四）和综合实验由褚国红、姜绪宝、宋传洪编写，设计实验（实验十五～十八）由何福岩编写，设计实验（实验十九）由滕谋勇编写。

第二部分高分子物理实验：实验五、九、十、十二由周春华编写，实验十六由李学编写，实验一、七由李辉编写，实验十四、十五由胡丽华编写，实验二、三、四、六、八、十一、十三由解竹柏编写，实验十七～二十一由乔从德编写。

第三部分高分子材料成型加工实验：实验一、二、九、十一由解竹柏编写，实验三由李辉编写，实验四、七由李学编写，实验六、十、十四由刘继涛编写，实验五由褚国红编写，实验十五由胡丽华编写，实验八、十二、十三由张献编写。

第四部分综合实验由周春华编写。

本书得到济南大学、齐鲁工业大学和聊城大学的共同支持，在此表示感谢。

由于编写者水平有限，书中不足之处难免，恳请读者斧正，不胜感激。

编　者

2017 年 9 月

目　录

第二部分　高分子物理实验

第三部分　高分子材料成型加工实验

第四部分　综合实验

第一部分
高分子化学实验

第一章
实验室制度及安全规则

一、实验室制度

① 进行实验前必须了解实验室的各项规章制度，尤其要明确实验室的安全制度。

② 实验前，应充分预习，掌握实验目的、基本原理，熟悉有关仪器、药品的使用方法。

③ 实验课不迟到、不早退，不在实验室高声谈笑，不随便离开操作岗位，不携出实验室任何物品。

④ 实验时要专心一致，认真仔细进行操作，注意观察，并随时记录实验现象和数据，及时完成实验报告，以养成严谨的科学作风，坚决反对弄虚作假和拼凑数据的不良行为。

⑤ 实验中应严格遵守操作规程、安全制度。实验中发现意外情况应及时报告指导教师，以防发生事故。

⑥ 实验时要求做到桌面、地面、水槽整洁。公用仪器、药品、工具等使用完毕后应立即放回原处，并不得随便动用实验以外的仪器、药品、工具等。

⑦ 注意节约水、电、药品，爱护实验仪器，若有损坏，必须向老师说明原因并登记，杜绝一切浪费。

⑧ 实验结束后，应洗净仪器，做好清洁卫生工作，同时要关闭水、电，经老师同意后方能离开实验室。

二、实验室安全制度

高分子化学实验中，经常用到易燃溶剂、易燃易爆炸气体、腐蚀性强及有毒的药品，当使用这些物品时，稍不注意就有可能发生事故，引起着火、爆炸和中毒等，但只要我们了解它们的理化性质，思想上重视，操作认真仔细，并有一定的防范措施，完全可以有效避免事故发生，使实验顺利进行。为了杜绝事故发生，必须遵守以下规则。

① 进实验室，应熟悉电源开关、总开关，未经老师同意不得擅自拆装和改装电器设备。要熟悉灭火器、沙箱等灭火器材的存放地点及其使用方法，平时不得随意搬动。

② 实验前必须弄清操作要点，了解有关仪器的使用方法，实验时要严格遵守操作规程，不能随意离开操作岗位。

③ 蒸馏有机溶剂时，要注意塞子是否漏气，以防蒸气逸出着火。不能直接使用明火加

热，要用水浴或油浴加热，减压蒸馏要戴好防护眼镜，以防爆炸。

④ 有毒、易燃试剂要有专人负责，在专门地方保管，不随意乱放。

⑤ 搬运气体钢瓶要轻轻移动，开关阀门要缓慢，钢瓶应放在墙角阴凉处，防止倒翻，明火切勿接近。钢瓶使用后，要把总开关旋紧，减加器表压应恢复至零。

⑥ 实验室严禁吸烟，不得在实验室就餐，如实验时间长，中途需要就餐，须在指定地点进行。

⑦ 实验中的残留废液，应根据废液的性质倒入指定器皿中（注意：有些废液不能混倒!），切勿随意倒入水槽中。

⑧ 中途停水或无水时，一定要随手关好水龙头，切勿开着水龙头等水，同时应采取措施，保证实验顺利进行。

⑨ 实验结束后，要检查水、电、钢瓶是否关紧，严防渗漏，酿成事故。

⑩ 力求避免事故，一旦发生事故既要冷静沉着，又要积极采取措施，按事故性质妥善处理，事故后必须查清原因，对严重失责的行为等按情节轻重予以处理。

三、事故处理

1. 着火

一旦着火，必须保持镇静，立即切断电源，移去易燃、易爆物，同时采取正确的灭火方法迅速将火扑灭。小火可用石棉布、玻璃布盖住，以隔绝空气；较大的火可用灭火器等灭火。若衣服着火，不要奔跑，用玻璃布、石棉布、厚的毯子包裹使之熄灭或急速拍打，或就地打滚使之熄灭。

2. 割伤

取出伤口内的玻璃或其他固体物，用蒸馏水冲洗后涂红药水或碘酒于伤口。若伤口较大，则先按紧主血管，以防止大量出血，并急送医院。

3. 烫伤

轻伤涂鞣酸油膏、兰油烃；重伤涂油膏后急送医院。

4. 试剂灼伤

（1）酸　立即用大量水冲洗，再用 $3\%\sim5\%$ $NaHCO_3$ 溶液洗，严重者急送医院。

（2）碱　立即用大量水冲洗，再用 2% 醋酸溶液洗，再水洗，严重者急送医院。

（3）苯酚、$TiCl_2$、有机金属化合物等　可腐蚀皮肤和黏膜，用大量汽油冲洗，后再用酒精冲洗，严重者可急送医院。

（4）眼部灼伤　立即用大量清水或生理盐水冲洗，冲洗时间一般不少于 $10\sim15min$。

（5）乙烯、丙烯和乙炔等气体以及各种溶剂蒸气中毒　应将中毒者移至室外，解开衣领和扣子，必要时做人工呼吸，打开门窗，使空气畅通。

第二章
高分子化学实验基础

　　高分子化学衍生于有机化学，因此高分子化学实验与有机化学实验有着许多共同之处。学好有机化学实验，掌握基本有机化学实验操作，再做高分子化学实验就会驾轻就熟。高分子化学还具有自身的特点，许多应用于高分子合成的方法和手段在有机化学实验中并不常见，高分子化合物的结构和组成分析也有其独特之处，需要学生们领会和掌握。本章将分别介绍高分子化学实验的相关常识、操作和技能，其中，第一节描述高分子化学实验的基本常识，包括实验室的安全、化学试剂的保管和废弃药品的处置、常见玻璃仪器及其清洗、实验记录和文献的查阅；第二节介绍化学试剂的提纯，包括单体和引发剂的精制、溶剂的纯化及干燥和聚合物的提纯与分级；第三节介绍高分子化学实验操作和实验技巧，着重于特殊的聚合反应方法；第四节介绍高分子组成和结构分析以及分子量的测定。

第一节　基本常识

一、实验室的安全

　　圆满地完成干项高分子化学实验，不仅仅意味着顺利地获得了预期的产物并对其结构进行了充分的表征，更为重要且往往被忽视的是避免事故的发生。在高分子化学实验中，经常会使用易燃溶剂，如苯、丙酮、乙醇和烷烃；易燃和易爆的试剂，如碱金属、金属有机化合物和过氧化物；有毒的试剂，如硝基苯、甲醇和多卤代烃；有腐蚀性的试剂，如浓硫酸、浓硝酸及溴等。化学试剂使用不当，就可能引起着火、爆炸、中毒和烧伤等事故。玻璃仪器和电器设备的使用不当也会引发事故。以下为高分子化学实验中常遇到的几类安全事故。

　　1. 火警和火灾

　　高分子化学实验常常使用许多易燃有机溶剂，有时还会使用碱金属和金属有机化合物，操作不当就可能引发火警和火灾。实验室出现火警的常见原因如下。

　　① 使用明火（如电炉、煤气）直接加热有机溶剂进行重结晶或溶液浓缩操作，而且不使用冷凝装置，导致溶剂溅出和大量挥发。

　　② 在使用挥发性易燃溶剂时，同伴正在使用明火。

　　③ 随意抛弃易燃、易氧化学品，如将回流干燥溶剂的钠连同残余溶剂倒入水池。

④ 电器质量存在问题，长时间通电使用引起过热着火。

因此，应尽可能使用水浴、油浴或加热套进行加热操作，避免使用明火。长时间加热溶剂时，应使用冷凝装置。浓缩有机溶液，不得在敞口容器中进行，使用旋转蒸发仪等装置，避免溶剂挥发并扩散。必须使用明火时（如进行封管和玻璃加工），应使明火远离易燃有机溶剂和药品。按常规处理废弃溶剂和药品，经常检查电器是否正常工作，及时更换和修理。要熟悉安全用具（灭火器、石棉布等）的放置地点和使用方法，并妥善保管，不要挪作他用。

如果出现了火警，可以根据不同的情况采取相应对策。

① 容器中溶剂发生燃烧：移去或关闭明火，缓慢地将笔记本或书夹等物件盖于容器之上，隔绝空气使火焰自熄。

② 溶剂溅出并燃烧：移去或关闭明火，尽快移去临近的其他溶剂，使用石棉布盖于火焰上或者使用二氧化碳灭火器。

③ 碱金属引起的着火：移去临近溶剂，使用石棉布。由于大多数有机溶剂密度小于水，并且烃类溶剂与水不互溶，因此不要使用水灭火，以免火势随水四处蔓延。

2. 爆炸

进行放热反应，有时会因反应失控而导致玻璃反应器炸裂，使实验人员受到伤害。在进行减压操作时，玻璃仪器由于存在瑕疵也会发生炸裂。在这种情况下应特别注意对眼睛的保护，防护眼镜等保护眼睛的用品应成为实验室的必备品。高分子化学实验中所用到的易爆物有偶氮类引发剂和有机过氧化物，在进行纯化过程时，应避免高浓度高温操作，尽可能在防护玻璃后进行操作。进行真空减压实验时，应仔细检查玻璃仪器是否存在缺陷，必要时在装置和人员之间放置保护屏。有些有机化合物遇氧化剂会发生猛烈爆炸或燃烧，操作时应特别小心。卤代烃和碱金属应分开存放，以免两者接触发生反应。

3. 中毒

过多吸入常规有机溶剂会使人产生诸多不适，有些毒害性物质如苯胺、硝基苯和苯酚等可很快通过皮肤和呼吸道被人体吸收，造成伤害。在不经意时，手会粘有毒害性物质，经口腔而进入人体。因此在使用有毒试剂时应认真操作，妥善保管；残留物不得乱扔，必须做有效处理。在接触有毒和腐蚀性试剂时，必须带橡胶等材质的防护手套，操作完毕后应立即洗手，切勿让有毒试剂粘及五官和伤口。在进行产生有毒气体和腐蚀性气体反应的实验时，应在通风柜中操作，并尽可能在排到大气之前做适当处理，使用过的器具应及时清洗。在实验室内不得饮食，养成工作完毕、离开实验室之前洗手的习惯。皮肤上溅有毒害性物质，应根据其性质，采取适当方法进行处理。

4. 外伤

除玻璃仪器破裂会造成意外伤害外，将玻璃棒（管）或温度计插入橡皮塞或将橡皮管套入冷凝管或三通时也会引起玻璃的断裂，造成事故。因此，在进行操作时，应检查橡皮塞和橡皮管的孔径是否合适，并将玻璃切口熔光，涂少许润滑剂后再缓缓旋转而入，切勿用力过猛。如果造成机械伤害，应取出伤口中的玻璃或固体物，用水洗涤后涂上药水，用绷带扎住伤口或贴上创可贴；大伤口则应先按住主血管以防大量出血，稍加处理后去就医诊治。

发生化学试剂灼伤皮肤和眼睛的事故时，应根据试剂的类型，在用大量水冲洗后，再用弱酸或弱碱溶液清洗。

为了处理意外事故，实验室应备有灭火器、石棉布、硫磺和急救箱等用具。同时需要严格遵守实验室安全规则，养成良好的实验习惯，在从事不熟悉和危险的实验时更应该小心谨慎，防止因操作不当而造成实验事故。

二、试剂的存放和废弃试剂的处理

1. 化学试剂的保管

实验室所用试剂，不得随意散失、遗弃。有些有机化合物遇氧化剂会发生猛烈爆炸或燃烧，操作时应特别小心。卤代烃遇到碱金属时，会发生剧烈反应，伴随大量热产生，也会引起爆炸。因此化学试剂应根据它们的化学性质分门别类，妥善存放在适当场所。如烯类单体和自由基引发剂应保存在阴凉处（如冰箱），光敏引发剂和其他光敏物质应保存在避光处，强还原剂和强氧化剂、卤代烃和碱金属应分开放置，离子型引发剂和其他吸水易分解的试剂应密封保存（充氮的保干器），易燃溶剂的放置场所应远离热源。

2. 废弃试剂的处理

高分子化学实验中产生的废弃试剂大多来源于聚合物的纯化过程，如聚合物的沉淀、分级和抽提。废弃的化学试剂不可倒入下水道中，应分类加以收集、回收再利用。有机溶剂通常按含卤溶剂和非卤溶剂分类收集，非卤溶剂还可进一步分为烃类、醇类、酮类等。无机液体往往分为酸类和碱类废弃物，中性的盐可以经稀释后倒入下水道，但是含重金属的废液不属此类。无害的固体废弃物可以作为垃圾倒掉，如色谱填料和干燥用的无机盐；有害的化学药品则进行适当处理。对反应过程中产生的有害气体，应按规定进行处理，以免污染环境，影响身体健康。

在回流干燥溶剂过程中，往往会使用钠、镁和氢化钙。后两者反应活性较低，加入醇类使其缓慢反应完毕即可。钠的反应活性较高，加入无水乙醇使其转变成醇钠，但是不溶的产物会导致钠粒反应不完全，需加入更多的醇稀释后继续反应。经常需要使用无水溶剂时，这样处理钠会造成浪费，可以使用高沸点的二甲苯来回收。收集每次回流溶剂残留的钠，置于干燥的二甲苯中（20g钠/100mL二甲苯），在开口较大的烧瓶中用加热套使钠缓慢融化。轻轻晃动烧瓶，分散的钠球逐渐聚集成较大的球，趁热将钠和二甲苯倒入一个干燥的烧杯中，冷却后取出钠块，保存于煤油中。切记，操作过程要十分小心，不可接触水。

三、常用实验仪器

化学反应的进行、溶液的配制、物质的纯化以及许多分析测试都是在玻璃仪器中进行的，另外还需要一些辅助设施，如金属用具和电学仪器等。

1. 玻璃仪器

玻璃仪器按接口的不同可以分为普通玻璃仪器和磨口玻璃仪器。普通玻璃仪器之间的连接是通过橡皮塞进行的，需要在橡皮塞上打出适当大小的孔，有时孔道不直，和橡皮塞不配套，给实验装置的搭置带来许多不便。磨口玻璃仪器的接口标准化，分为内磨接口和外磨接口，烧瓶的接口基本是内磨的，而回流冷凝管的下端为外磨口。为了方便接口大小不同的玻璃仪器之间的连接，还有多种转换口可以选择。

使用磨口玻璃仪器，由于接口处已经细致打磨和聚合物溶液的渗入，有时会发生黏结，难以分开不同的组件。为了防止出现这种麻烦，仪器使用完毕后应立即将装置拆开；较长时间使用，可以在磨口上涂敷少量硅脂等润滑脂，但是要避免污染反应物。润滑脂的用量越少越好，实验结束后，用吸水纸或脱脂棉沾少量丙酮擦拭接口，然后再将容器中的液体倒出。

大部分高分子化学实验是在搅拌、回流和通惰性气体的条件下进行的，有时还需附加温度计（测温）、滴液漏斗（加液体反应物）和取样装置，因此反应最好在多口反应瓶中进行。下图为几种常见的磨口反应烧瓶，高分子化学实验中多用三口和四口烧瓶（图1-1），容量大小根据反应液的体积决定，烧瓶的容量一般为反应液总体积的 1.5～3 倍。

图 1-1　磨口烧瓶

可拆卸的反应釜用于聚合反应，可以很方便地清除粘在壁上的坚韧聚合物或者高黏度的聚合物凝胶，尤其适用于缩合聚合反应，如聚酯和不饱和树脂的合成。为了保持高真空条件，可在两部分之间加密封垫，并用旋夹拧紧。

进行聚合反应动力学研究时，特别是本体自由基聚合反应，膨胀计是非常合适的反应器，如图 1-2 所示。它是由反应容器和标有刻度的毛细管组成，好的毛细管应具有操作方便、不易泄露和易于清洗的特点。通过标定，毛细管可以直接测定聚合反应过程中体系的体积收缩，从而获得反应动力学方面的数据。

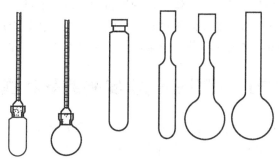

图 1-2　膨胀计、带橡皮塞的聚合管和封管

一些聚合反应需要在隔绝空气的条件下进行，使用封管或聚合管比较方便，如图 1-2 所示。封管宜选用硬质、壁厚均匀的玻璃管制作，下部为球形，可以盛放较多的样品，并有利于搅拌；上部应拉出细颈，以利于烧结密闭。封管适用于高温、高压下的聚合反应。带翻口橡皮塞的聚合管，适用于温和条件下的聚合反应，单体、引发剂和溶剂的加入可以通过干燥的注射器进行的。

除了上述反应器以外，高分子化学实验经常使用到冷凝管、蒸馏头、接液管和漏斗等玻璃仪器（如图 1-3），大家在有机化学实验中已经接触到这些仪器，在此不多加叙述。进行离子聚合反应，对实验条件的要求很高，往往需要根据聚合反应设计和制作特殊的玻璃反应装置。

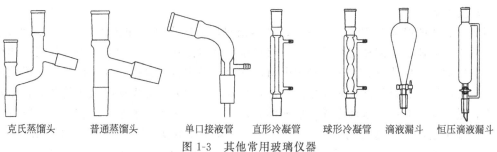

克氏蒸馏头　　普通蒸馏头　　单口接液管　直形冷凝管　球形冷凝管　滴液漏斗　恒压滴液漏斗

图 1-3　其他常用玻璃仪器

2. 辅助器件

进行高分子化学实验，需要用铁架台和铁夹将玻璃仪器固定并适当连接，实验过程中经常需要进行加热、温度控制和搅拌，应选择合适的加热、控温和搅拌设备。液体单体的精制往往需要在真空状态下进行，需要使用不同类型的减压设备，如真空油泵和水泵。许多聚合反应在无氧的条件下进行，需要氮气钢瓶和管道等通气设施，在以下章节中将陆续介绍。

3. 玻璃仪器的清洗和干燥

玻璃仪器的清洁干燥是避免引入杂质的关键。清洗玻璃仪器最常用的方法是使用毛刷和清洁剂，清除玻璃表面的污物，然后用水反复冲洗，直至器壁不挂水珠，烘干后可供一般实验需用。盛放聚合物的容器往往难以清洗，搁置时间过长则清洗更加困难，因而要养成实验完毕立即清洗的习惯。除去容器中残留聚合物的最常用方法是使用少量溶剂来清洗，最好使用回收的溶剂或废溶剂。带酯键的聚合物（如聚酯、聚甲基丙烯酸甲酯）和环氧树脂残留于容器中，将容器浸泡于乙醇-氢氧化钠洗液之中，可起到很好的清除效果。含少量聚合物而不易清洗的容器，如膨胀计和容量瓶，可用铬酸洗液来洗涤，热的洗液效果会更好，但是要注意安全。总之，应根据残留物的性质，选择适当的方法使其溶解或分解而达到除去的效果。离子聚合反应所使用的反应器要求更加严格，清洗时应避免杂质的引入。

洗净后的仪器可以晾干或烘干，干燥仪器有烘箱和气流干燥器。临时急用，可以加入少量乙醇或丙酮冲刷水洗过的盛皿加速烘干过程，电吹风更能加快烘干过程。对于离子聚合反应，实验装置需绝对干燥，往往仪器装配完毕后，于高真空下加热除去玻璃仪器的水气。

第二节 高分子化学实验的基本操作

进行高分子化学实验，首先应根据反应的类型和用量选择大小和类型合适的反应器，根据反应的要求选择其他的玻璃仪器，并使用辅助器具装配实验装置，将不同仪器良好、稳固地连接起来。高分子化学实验常常在加热、搅拌和通惰性气体的条件下进行，单体和溶剂的精制离不开蒸馏操作，有时还需要减压条件。以下介绍高分子化学实验的基本实验操作。

一、聚合反应的温度控制

温度对聚合反应的影响，除了和有机化学实验一样表现在聚合反应速率和产物收率方面以外，还表现在对聚合物的分子量及其分布上，因此准确控制聚合反应的温度十分必要。室温以上聚合反应可使用电加热套、加热圈和加热块等加热装置，对于室温以下的聚合反应，可使用低温浴或采用适当的冷却剂冷却。如果需要准确控制聚合反应的温度，超级恒温水槽则是首选。

（一）加热方式

1. 水浴加热

当实验需要的温度在80℃以下时，使用水浴对反应体系进行加热和温度控制最为合适，水浴加热具有方便、清洁和完全等优点。加热时，将容器浸于水浴中，利用加热圈来加热水介质，间接加热反应体系。加热圈是由电阻丝贯穿于硬质玻璃管中，并根据浴槽的形状加工制成，也可使用金属材料。长时间使用水浴，会因水分的大量蒸发而导致水的散失，需要及时补充；过夜反应时可在水面上盖一层液体石蜡。对于温度控制要求高的实验，可以直接使用超级恒温水槽，还可通过它对外输送恒温水达到所需温度，其温差可控制在0.5℃范围内。由于水管等的热量散失，反应器的温度低于超级恒温槽的设定温度，需要进行纠正。

2. 油浴加热

水浴不能适用于温度较高的场合，此时需要使用不同的油作为加热介质，采用加热圈等浸入式加热器间接加热。油浴不存在加热介质的挥发问题，但是玻璃仪器的清洗稍为困难，操作不当还会污染实验台面及其他设施。使用油浴加热，还需要注意加热介质的热稳定性和可燃性，最高加热温度不能超过此限。常见加热介质及其性质见表 1-1。

表 1-1　常见加热介质及其性质

加热介质	沸点/℃	特点
水	100	洁净、透明，易挥发
甘油	140～150	洁净、透明，难挥发
植物油	170～180	难清洗，难挥发，高温有油烟
硅油	250	耐高温，透明，价格高
泵油	250	回收泵油多含杂质，不透明

3. 电加热套

电加热套是一种外热式加热器，电热元件封闭于玻璃等绝缘层内，并制成内凹的半球状，非常适用于圆底烧瓶的加热，外部为铝质的外壳。电热元件可直接与电源相通，也可以通过调压器等调压装置连接于电源，最高使用温度可达 450℃。功能较齐全的电加热套带有调节装置，可以对加热功率和温度进行准确的调节。某些国产的电加热套，将加热和电磁搅拌功能融为一体，使用更加方便。电加热套具有安全、方便和不易损坏玻璃仪器的特点。由于玻璃仪器与电加热套紧密接触，保温性能好，根据烧瓶的大小，可以选用不同规格的加热套。

4. 加热块

通常为铝质的块材，按照需要加工出圆柱孔或内凹半球洞，分别适用于聚合管和圆底烧瓶的加热，加热元件外缠于铝块或置于铝块中，并与控温元件相连。为了能准确控制温度，需要进行温度的校正；某些需要在高温下进行的封管聚合，存在爆裂的隐患，使用加热块较为安全。

（二）冷却

离子聚合往往需要在低于室温的条件下进行，因此冷却是离子聚合常常需要采取的实验操作。例如甲基丙烯酸甲酯阴离子聚合为避免副反应的发生，聚合温度在 −60℃ 以下；环氧乙烷的聚合反应在低温下进行，可以减少环低聚体的生成，并提高聚合物收率（液氮、干冰和乙醇、乙醚等混合，温度可降至 −70℃，通常使用温度在 −40～−50℃ 范围内；液氮与乙醇、丙酮混合使用，冷却温度可稳定在有机溶剂的凝固点附近）。

表 1-2 列出不同制冷剂的配制方法和使用温度范围。配制冰盐冷浴时，应使用碎冰和颗粒状盐，并按比例混合。干冰和液氮作为制冷剂时，应置于浅口保温瓶等隔热溶剂中，以防止制冷剂的过度损耗。

表 1-2　常用制冷剂

制冷剂组成	冷却最低温度/℃
冰-水	0
冰 100 份＋氯化钠 33 份	−21
冰 100 份＋氯化钙(含结晶水)100 份	−31

制冷剂组成	冷却最低温度/℃
冰 100 份＋碳酸钾 33 份	—46
干冰＋有机溶剂	高于有机溶剂的凝固点
液氮＋有机溶剂	接近有机溶剂的凝固点

超级恒温槽可以提供低温环境，并能准确控制温度，也可以通过恒温槽输送冷却液来控制反应温度。

（三）温度的测定和调节

酒精温度计和水银温度计是最常用的测温仪器，它们的量程受其凝固点和沸点的限制，前者可在 —60～100℃ 范围内使用，后者可测定的最低温度为 —38℃，最高使用温度在 300℃ 左右。低温的测定可使用以有机溶剂制成的温度计，甲苯的温度计可达 —90℃，正戊烷为 —130℃。为观察方便在溶剂中加入少量有机染料，这种温度计由于有机溶剂传热较差和黏度较大，需要较长的平衡时间。

现有控温装置都集成了测温和控温两种功能，但是实验室现有装置所测温度不准确，需要温度计进行校正，即将温度计放入到反应物中测定反应体系的实际温度。现有加热装置中的温度控制器一般都能够非常有效和准确地控制反应时的温度。控温仪的温敏探头（热电偶）置于加热介质中，其产生的电信号输入到控温仪中，并与所设置的温度信号相比较。当加热介质未达到设定温度时，控温仪的继电器处于闭合状态，电加热元件继续通电加热；加热介质的温度高于设定温度时，继电器断开，电加热元件不再工作。

二、搅拌

高分子化学实验中经常接触到高分子化合物。高分子化合物具有高黏度特性，无论是溶液状态还是熔体状态，如果要保持高分子化学实验过程中混合的均匀性和反应的均匀性，搅拌显得尤为重要。搅拌不仅可以使反应组分混合均匀外，还有利于体系的散热，避免发生局部过热而发生爆聚。搅拌方式通常为磁力搅拌和机械搅拌。

1. 磁力搅拌器

磁力搅拌器中的小型马达能带动一块磁铁转动，将一颗磁子放入容器中，磁场的变化使磁子发生转动，从而起到搅拌效果。磁子内含磁铁，外部包裹着聚四氟乙烯，防止磁铁被腐蚀、氧化或污染反应溶液。磁子的外形有棒状、椭球状和锥状，前者仅适用于平底容器，后两种可用于圆底反应器。根据容器的大小，选择合适大小的磁子，并可以通过调节磁力搅拌器的搅拌速率来控制反应体系的搅拌情况。磁力搅拌器适用于黏度较小或量较少的反应体系。

2. 机械搅拌器

当反应体系的黏度较大时，如进行自由基本体聚合和熔融缩聚反应时，磁力搅拌器不能带动磁子转动。反应体系量较多时，磁子无法使整个体系充分混合。在这些情况下需要使用机械搅拌器。进行乳液聚合和悬浮聚合，需要强力搅拌使单体分散成微小液滴，这也离不开机械搅拌器。

机械搅拌器由马达、搅拌棒和控制部分组成。锚形搅拌棒具有良好的搅拌效果，但是往往不适用于烧瓶中的反应；活动叶片式搅拌棒可方便地放入反应瓶中，搅拌时由于离心作用，叶片自动处于水平状态，提高了搅拌效率。蛇形和锚式搅拌棒受到反应瓶瓶口大小的限制。搅拌棒通常用玻璃制成，但是易折断和损坏；不锈钢材质的搅拌棒不易受损，但是不适用于强酸、强碱环境，因此外层包覆聚四氟乙烯的金属搅拌棒越来越受到欢迎。

为了使搅拌棒能平稳转动，需要在反应器接口处装配搅拌套管，起到固定和密封作用。实验室现有搅拌套管都是聚四氟乙烯产品，在套管内部的还安装有橡胶圈，起到密封的作用。搅拌套管的规格由反应瓶的口径决定。

机械搅拌器一般有调速装置，有的搅拌器还有转速指示，但是真实的转速往往由于电压的不稳定而难以确定，这时可用市售的光电转速计来测定，只需将一小块反光铝箔贴在搅拌棒上，将光电转速计的测量夹具置于铝箔平行位置，直接从转速计显示屏上读数即可。

安装搅拌器时，首先要保证电机的转轴绝对与水平垂直，再将配好搅拌套管的搅拌棒置于转轴下端的搅拌棒夹具中，拧紧夹具的旋钮。调节反应器的位置，使搅拌棒与瓶口垂直，并处在瓶口中心，再将搅拌套管安装到瓶口。将搅拌器开到低档，根据搅拌情况，小心调节反应装置位置至搅拌棒平稳转动，然后才可装配其他玻璃仪器，如滴液漏斗和温度计等。装入温度计时，应该关闭搅拌，仔细观察温度计是否与搅拌棒接触，再调节温度计的高度。

三、蒸馏

高分子化学实验中经常会用到蒸馏的场合是单体的精制、溶剂的纯化和干燥以及聚合物溶液的浓缩，根据待蒸馏物的沸点和实验的需要可使用不同的蒸馏方法。

1. 普通蒸馏

在有机化学实验中，我们已经常常接触到普通蒸馏，蒸馏装置由烧瓶、蒸馏头、温度计、冷凝管、接液管和收集瓶组成。为了防止液体暴沸，需要加入少量沸石，磁力搅拌也可以起到相同效果。

2. 减压蒸馏

实验室常用的烯类单体沸点比较高，如苯乙烯为 $145℃$、甲基丙烯酸甲酯为 $100.5℃$、丙烯酸丁酯为 $145℃$，这些单体在较高温度下容易发生热聚合，因此不宜进行常规蒸馏。高沸点溶剂的常压蒸馏也很困难，降低压力会使溶剂的沸点下降，可以在较低的温度下得到溶剂的馏分。在缩聚反应过程中，为了提高反应程度、加快聚合反应进行，需要将反应产生的小分子产物从反应体系中脱除，这也需要在减压下进行。蒸馏物的沸点不同，减压蒸馏所需的真空度也不同。实用中将真空度划分为粗真空（$1\sim100kPa$）、中真空（$1\sim1000Pa$）和高真空（小于 $1Pa$）。真空的获得是通过真空泵来实现的。

（1）真空泵　真空泵根据工作介质的不同可分为两大类：即水泵和油泵。水泵所能达到的最高真空度除与泵本身的结构有关外，还取决于水温（此时水的蒸气压为水泵所能达到的最低压力），一般可以获得 $1\sim2kPa$ 的真空，例如 $30℃$ 时可达到 $4.2kPa$，$10℃$ 时可提升至 $1.5kPa$，适用于苯乙烯、甲基丙烯酸甲酯和丙烯酸丁酯的减压蒸馏。水泵结构简单，使用方便，维护容易，一般不需要保护装置。为了维持水泵良好的工作状态和延长它的使用寿命，最好每使用一次就更换水箱中的水。

真空油泵是一种比较精密的设备，其工作介质是特制的高沸点、低挥发的泵油，其效能取决于油泵的机械结构和泵油的质量。固体杂质和腐蚀性气体进入泵体都可能损伤泵的内部，降低真空泵内部构件的密合性，低沸点的液体与真空泵油混合后，使工作介质的蒸气压升高，从而降低了真空泵的最高真空度。因此真空油泵使用时需要使用净化干燥等保护装置，除去进入泵中的低沸点溶剂、酸碱性气体和固体微粒。首次使用三相电机驱动的油泵，应检查电机的转动方向是否正确，及时更换电线的相位，避免因反转而导致喷油；然后加入适当量的泵油。除了上述保护措施外，还应该定期更换泵油，必要时使用石油醚清洗泵体，晾干后再加入新的泵油。油泵可以达到很高的真空度，适用于高沸点液体以及无水试剂的蒸馏。

（2）减压蒸馏系统　减压蒸馏系统是由蒸馏装置、真空泵和保护检测装置3个部分组成的。蒸馏装置在大多数情况下使用克氏蒸馏头，直口处插入一个毛细管鼓泡装置，也可以使用普通蒸馏头而用多口烧瓶，毛细管由支口插入液面以下。鼓泡装置可以提供沸腾的汽化中心，防止液体暴沸。对于阴离子聚合等使用的单体，要求绝对无水，因此不能使用鼓泡装置，变更的做法是加入沸石和提高磁力搅拌速率来预防，减压时应该缓缓提高体系的真空度，适当后再进行加热。减压蒸馏使用带抽气口和防护滴管的接液管，可以防止液体直接泄露到真空泵中。

真空泵是减压蒸馏的核心部分，根据待蒸馏化合物的沸点和化合物的用途，选用适当的真空泵。

真空泵和蒸馏系统之间常常串联保护装置，以防止低沸点物质和腐蚀性气体进入真空泵。以液氮充分冷却的冷阱能使低沸点、易挥发的馏分凝固，从而十分有效地防止它们进入真空泵，但是当出现液体暴沸时，会使冷阱被堵塞，影响到减压蒸馏的正常进行。在冷阱与蒸馏系统之间置三通活塞，调节真空度和抽气量，可以避免液体暴沸，这种简单的保护设施可适用于普通单体和溶剂的减压蒸馏。较为复杂的保护系统由多个串联的吸收塔组成，从真空泵开始，依次填装干燥剂、苛性碱和固体石蜡，为使用方便，常将它们与真空泵固定于小车上，系统的真空度可由真空计来测定。

（3）真空计　常见的真空计有封闭式水银真空计和麦氏真空计，真空计皆可串联在系统上。封闭式真空计可测量0.1～27kPa范围的压力，测量时调节三通活塞即可，平时为避免空气和其他气体的渗入而将活塞关闭。麦氏真空计可测定0.1～100Pa的压力，使用时将测量部分由水平位置旋转至垂直方向，调节三通活塞与待测系统相通，即可读数。测量完毕后，恢复水平位置，关闭活塞。

（4）减压蒸馏的实验操作　首先装配好蒸馏装置，并与保护系统和真空油泵相连，中间串联一个调节装置（如三通活塞）。三通置于全通位置，启动真空油泵，调节三通活塞使系统逐渐与空气隔绝；继续调节活塞，使蒸馏系统与真空泵缓缓相通，同时注意液体是否有暴沸迹象。当系统达到合适真空度时，开始对待蒸馏液体进行加热，温度保持到馏分成滴蒸出。蒸馏完毕，调节三通活塞使体系与大气相通，然后才断开真空泵电源，拆除蒸馏装置。要获得无水的蒸馏物，需用干燥惰性气体通入体系，使之恢复常压，并在干燥惰性气流下撤离接收瓶，迅速密封。

3. 水蒸气蒸馏

在高分子化学实验中，很少使用水蒸气蒸馏，仅仅在聚合物裂解和提纯中使用到。与常规蒸馏不同的是它需要一个水蒸气发生装置，并以水蒸气作为热源，待蒸馏物与水蒸气形成共沸气体，并经冷凝、静置分层后得到待蒸馏物。

4. 旋转蒸发

旋转蒸发浓缩溶液具有快速、方便的特点，在旋转蒸发仪上完成。旋转蒸发仪由3个部分组成。待蒸发的溶液盛放于烧瓶中，在马达的带动下，烧瓶旋转在瓶壁上形成薄薄的液膜，提高了溶剂的挥发速率。溶剂的蒸气经冷却，凝结形成液体流入接收瓶中。冷凝部分可为常规的回流冷凝管，也可以是特制的锥形冷凝器。为了起到良好的冷凝效果，常用冰水作为冷凝介质。为了进一步提高溶剂的挥发速率，通常使用水泵来降低压力。

进行旋转蒸发时，首先将待蒸发溶液加入到梨形烧瓶中，液体的量不宜过多，为烧瓶体积的 1/3 即可。将梨形烧瓶和接收瓶接到旋转蒸发仪上，并用烧瓶夹固定。启动旋转马达，开动水泵，关闭活塞，打开冷凝水，进行旋转蒸发，必要时将梨形烧瓶用水浴进行加热。

四、化学试剂的称量和转移

固体试剂基本上是采用称重法，可在不同类型的天平上进行，如托盘天平、分析天平和电子分析天平。分析天平是一类高精密仪器，使用时应严格遵守使用规则，平时还要妥善维护。电子天平的出现使高精度称量变得十分简单和容易，使用时应该注意其最大负荷和避免试剂散失到托盘上。称量时，应借助适当的称量器具，如称量瓶、合适的小烧杯和洁净的硫酸纸。除了称量法以外，液体试剂可直接采用量体积法，需要用到量筒、注射器和移液管等不同量具。气体量的确定较为困难，往往由流量和通气时间来计算，对于小型储气瓶中的气体也可以采用称量法。

进行聚合反应，不同试剂需要转移到反应装置中。一般应遵循先固体后液体的原则，这样可以避免固体粘在反应瓶的壁上，还可以利用液体冲洗反应装置。为了防止固体试剂散失，可以利用滤纸、硫酸纸等制成小漏斗，通过小漏斗缓慢加入固体。在许多场合下液体试剂需要连续加入，这需要借助恒压滴液漏斗等装置，严格的试剂加入速度可通过恒流蠕动泵来实现，流量可在几微升～几毫升/分钟内调节。气体的转移则较为简单，为了利于反应，通气管口应位于反应液面以下。

在高分子化学实验中，我们会接触到许多对空气等非常敏感的引发剂，如碱金属、有机锂化合物和某些离子聚合的引发剂（萘钠、三氟磺酸等）。在进行离子聚合和基团转移聚合时，需要将绝对无水试剂转移到反应装置。这些化学试剂的量取和转移需要采取特殊的措施，以下列举几例。

（1）碱金属　取一洁净的烧杯，盛放适量的甲苯或石油醚，将粗称量的碱金属放入溶剂中。借助镊子和小刀，将金属表面的氧化层刮去，快速称量并转移到反应器中。少量附着于表面上的溶剂可在干燥氮气流下除去。

（2）离子聚合的引发剂　少量液体引发剂可借助干燥的注射器加入，固体引发剂可事先溶解于适当溶剂中再加入；较多量的引发剂可采用内转移法。

（3）无水试剂　绝对无水的试剂最好是采用内转移法进行。内转移法使用一根双尖中空的弹性钢针，经橡皮塞将储存试剂的容器 A 和反应容器 B 连接在一起，容器 A 另有一出口与氮气管道相通，通氮加压即可将定量试剂压入反应容器 B 中。试剂加入完毕，将针头抽出。

五、化学试剂及聚合物的精制

在高分子反应中试剂的纯度对反应有很大影响。在缩合聚合中，单体的纯度会影响到官能团的摩尔比，从而使聚合物的分子偏离设定值。在离子聚合中，单体和溶剂中少量杂质的存在，不仅会影响聚合反应速率，改变聚合物的分子量，甚至会导致聚合反应不能进行。在自由基聚合中，单体往往含有少量阻聚剂，使得反应存在诱导期或聚合速率下降，影响到动力学常数的准确测定。因此，在进行高分子化学实验之前，有必要对所用试剂进行纯化。

高分子的合成可采用本体法、溶液法、悬浮法和乳液法，在高分子化学实验和研究中，本体法的使用较为常见。除本体法可以获得较为纯净的聚合物之外，其他方法所获得的产物还含有大量的反应介质、分散剂或乳化剂等，要想得到纯净的聚合物，必需将产物中小分子杂质除去。在合成共聚物时，除了预期的产物外，还会生成均聚物，有时聚合物原料没有完全发生共聚反应而残留在产物之中，此时需要对不同的聚合物进行分离。相比聚合物和小分子混合体系而言，聚合物共混物之间的分离较为复杂，也难以进行。以下分别介绍高分子化学实验中常见的分离和纯化。

（一）单体的精制

在高分子化学实验中，单体的精制主要是对烯类单体而言，也包括某些其他类型单体。单体杂质的来源多种多样，如生产过程中引入的副产物（苯乙烯中的乙苯和二乙烯苯）和销售时加入的阻聚剂（对苯二酚和对叔丁基苯酚）、单体在储运过程中与氧接触形成的氧化或还原产物（二烯单体中的过氧化物，苯乙烯中的苯乙醛）以及少量聚合物。固体单体常用的纯化方法为结晶（己二胺和己二酸的 66 盐用乙醇重结晶、双酚 A 用甲苯重结晶）和升华，液体单体可采用减压蒸馏、在惰性气氛下分馏的方法进行纯化，也可以用制备色谱分离纯化单体。单体中的杂质可采用下列措施加以除去。

① 酸性杂质（包括阻聚剂对苯二酚等）用稀 NaOH 溶液洗涤除去，碱性杂质（包括阻聚剂苯胺）可用稀盐酸洗涤除去。

② 单体的脱水干燥，一般情况下可用普通干燥剂，如无水 $CaCl_2$、无水 Na_2SO_4 和变色硅胶。严格要求时，需要使用 CaH_2 来除水；进一步除水，需要加入 1，1-二苯基乙烯阴离子（仅适用于苯乙烯）或 $AlEt_3$（适用于甲基丙烯酸甲酯等），待液体呈一定颜色后，再蒸馏出单体。

③ 芳香族杂质可用硝化试剂除去，杂环化合物可用硫酸洗涤除去。

④ 采用减压蒸馏法除去单体中的不挥发杂质。

离子聚合对单体的要求十分严格，在进行正常的纯化过程后，需要彻底除水和其他杂质。例如，进行（甲基）丙烯酸酯的阴离子聚合，最后还需要在 $AlEt_3$ 存在下进行减压蒸馏。

1. 苯乙烯的精制

苯乙烯为无色的透明液体，常压沸点 145℃，20℃时的密度和折光率分别为 $0.906g/cm^3$ 和 1.5468，不溶于水，可溶于大多数有机溶剂，不同压力下苯乙烯的沸点见表 1-3。苯乙烯中所含阻聚剂常为酚类化合物。

表 1-3　苯乙烯的沸点与压力关系

沸点/℃	18	30.8	44.6	59.8	69.5	82.1	101.4
压力/kPa	0.67	1.66	2.67	5.33	8.00	13.30	26.70

苯乙烯的精制过程如下。

① 在 250mL 的分液漏斗中加入 100mL 苯乙烯，用 20mL 的 5％NaOH 溶液洗涤多次至水层为无色，此时单体略显黄色。

② 用 20mL 蒸馏水继续洗涤苯乙烯，直至水层呈中性，加入适量干燥剂（如无水 Na_2SO_4、无水 $MgSO_4$、无水 $CaCl_2$ 等），放置数小时。

③ 初步干燥的苯乙烯经过滤除去干燥剂后，直接进行减压蒸馏，收集到的苯乙烯可用于自由基聚合等要求不高的场合。过滤后，加入无水 CaH_2，密闭搅拌 4h，再进行减压蒸馏，收集到的单体可用于离子聚合。

2. 甲基丙烯酸甲酯

甲基丙烯酸甲酯为无色透明液体，常压沸点 100℃，20℃时的密度和折光率分别为 $0.936g/cm^3$ 和 1.4138，微溶于水，可溶于大多数有机溶剂，不同压力下甲基丙烯酸甲酯的沸点见表1-4。对苯二酚为其常用的阻聚剂。

表1-4 不同压力下甲基丙烯酸甲酯的沸点

沸点/℃	30	40	50	60	70	80	90
压力/kPa	7.67	10.80	16.53	25.2	37.2	52.93	72.93

它的纯化方法同苯乙烯，但是由于单体的极性，采用CaH_2干燥难以除尽极少量的水。用于阴离子聚合的单体还需要加入$AlEt_3$，当液体略显黄色，才表明单体中的水完全除去，此时可进行减压蒸馏，收集单体。

上述方法也适用于其他（甲基）丙烯酸酯类单体。

3. 丙烯腈

丙烯腈为无色透明液体，常压沸点77.3℃，20℃时的密度和折光率分别为0.866g/cm^{3}和1.3915，常温下在水中溶解度为7.3%。由于它在水中的溶解度较大，故不宜采用碱洗法除去其中的阻聚剂，以免造成单体的损失。

丙烯腈精制方法：丙烯腈先进行常规蒸馏，收集76～78℃的馏分，以除去阻聚剂；馏分用无水$CaCl_2$干燥3h，过滤，单体中加入少许$KMnO_4$溶液，进行分馏，收集77～77.5℃的馏分。若仅要求除去丙烯腈单体中的阻聚剂则可用色谱柱法，使待精制的丙烯腈单体以1～2cm/min的速度通过装有强碱性阴离子交换树脂的色谱柱，收集的单体加入少量$FeCl_3$，进行蒸馏，其他水溶性较大的单体，如甲基丙烯酸羟乙酯、甲基丙烯酸缩水甘油酯等，也可采用色谱柱法除去单体中的酚类阻聚剂。

4. 丙烯酰胺

丙烯酰胺为固体，易溶于水，不能通过蒸馏的方法进行精制，可采用重结晶的方法进行纯化。具体步骤：将55g丙烯酰胺溶解于40℃的20mL蒸馏水，置于冰箱中深度冷却，有丙烯酰胺晶体析出，迅速用布氏漏斗过滤。自然晾干后，再于20～30℃下真空干燥24h。如要提高单体的结晶收率，可在重结晶母液中加入6g过硫酸铵，充分搅拌后置于冰箱中，又有丙烯酰胺晶体析出。其他固体烯类单体皆采用重结晶的方法进行精制。

5. 乙酸乙烯酯

乙酸乙烯酯为无色透明液体，常压沸点73℃，20℃时的密度和折光率分别为0.943g/cm^{3}和1.3958。乙酸乙烯酯的精制方法：60mL的乙酸乙烯酯加入到100mL的分液漏斗中，用12mL饱和$NaHSO_3$溶液充分洗涤3次，再用20mL蒸馏水洗涤1次；用12mL的10%Na_2CO_3溶液洗涤2次，最后用蒸馏水洗至中性。单体用干燥剂干燥数小时，过滤，蒸馏。

6. 乙烯基吡啶

乙烯基吡啶为无色透明液体，因易被氧化而呈褐色甚至褐红色。20℃时的密度和折光率分别为0.972g/cm^{3}和1.5510。采用色谱柱法除去阻聚剂，填料为强碱性阴离子交换树脂。单体进一步进行减压蒸馏，收集48～50℃/11mmHg（2-乙烯基吡啶）和62～65℃/9mmHg（4-乙烯基吡啶）的馏分，密闭避光保存。

7. 环氧丙烷

环氧丙烷中加入适量CaH_2，在隔绝空气的条件下电磁搅拌2～3h，在CaH_2存在下进行蒸馏，即可得到无水的环氧丙烷，可用于阳离子聚合。若环氧丙烷存放了较长时间，需要重新精制。

8.66 盐的制备和精制

合成尼龙-66的单体为己二酸和己二胺，分别具有酸性和碱性，两者可以形成1:1的盐，称为 66 盐，熔点为 196℃。将 5.8g 己二酸（0.04mol）和 4.8g 己二胺（0.042mol）分别溶解于 30mL 的 95% 乙醇中，在搅拌条件下，将两溶液混合，混合过程中溶液温度升高，并有晶体析出。继续搅拌 20min，充分冷却后，过滤，并用乙醇洗涤 2～3 次，自然晾干或在 60℃ 真空干燥。

9. 甲苯二异氰酸酯

甲苯二异氰酸酯是合成聚氨酯的主要原料，它为无色透明液体，往往因含有杂质而呈淡黄色，在潮湿的环境中，异氰酸酯基容易水解生成氨基，最终会导致单体交联而失效。使用前，应将单体在隔绝空气的条件下进行蒸馏。

单体减压蒸馏后需恢复常压，如果直接与大气相通，体系的负压会使空气迅速进入，使单体吸潮并溶有氧气，因此需要设计和制作一些特殊的装置，防止空气直接进入接收瓶。

（二）引发剂的精制

引发剂的精制是针对自由基聚合的引发剂而言，离子聚合和转移聚合等引发剂往往是现制现用，使用之前一般需要进行浓度的标定，在有关实验中将作详细介绍。

1. 偶氮二异丁腈

将 5g 偶氮二异丁腈（AIBN）加入到 50mL 乙醇中，加热至 50℃，搅拌使引发剂溶解，立即进行热过滤，除去不溶物。滤液置于冰箱中深度冷却，偶氮二异丁腈晶体析出。用布氏漏斗过滤，晶体置于真空容器中，于室温减压除去溶剂，精制好的引发剂放置在冰箱中密闭保存。

2. 过氧化苯甲酰

过氧化苯甲酰（BPO）的精制可采取混合溶剂重结晶法，即在室温下选用溶解度较大的溶剂，于室温溶解 BPO 并达饱和，然后加入溶解度小的溶剂使 BPO 结晶。由于丙酮和乙醚对 BPO 的诱导作用较强，故不宜作为 BPO 重结晶混合溶剂。具体操作如下：将 12g BPO 于室温溶解在尽量少的氯仿中，过滤除去不溶物。滤液倒入 150mL 甲醇中，置于冰箱中深度冷却，白色针状 BPO 晶体析出。用布氏漏斗过滤，晶体用少量甲醇洗涤。置于真空容器中，于室温减压除去溶剂，精制好的引发剂放置在冰箱中密闭保存。

3. 过硫酸钾

于 40℃ 配制过硫酸钾的饱和水溶液，再加入少许蒸馏水后过滤除去不溶物，将溶液置于冰箱中深度冷却，析出过硫酸钾晶体。过滤，用少量蒸馏水洗涤，用 $BaCl_2$ 溶液检测滤液中是否还有 SO_4^{2-} 存在，如有，需要再次重结晶。所得晶体于室温在真空溶剂中减压干燥，密闭保存于冰箱中。

4. 三氟化硼-乙醚（$BF_3 \cdot Et_2O$）

$BF_3 \cdot Et_2O$ 是阳离子聚合常用的引发剂，长时间放置呈黄色，使用前应在隔绝空气的条件下进行蒸馏，馏分密闭保存。

（三）溶剂的精制和干燥

普通分析纯溶剂皆可满足自由基聚合和逐步聚合反应的需要，乳液聚合和悬浮聚合可用蒸馏水作为反应介质。离子聚合反应对溶剂的要求很高，必须精制和干燥溶剂，做到完全无水、无杂质。

1. 正己烷

正己烷的常压沸点为 68.7℃，20℃ 时的密度和折光率分别为 0.6578g/cm³ 和 1.3723，与水的共沸点为 61.6℃，共沸物含 94.4% 的正己烷。正己烷常含有烯烃和高沸点的杂质，纯化步骤如下。

① 在分液漏斗中，用5%（体积分数）的浓硫酸洗涤正己烷，可除去烯烃杂质。用蒸馏水洗涤至中性，洗去硫酸。用无水 Na_2SO_4 干燥，过滤除去无机盐。

② 如要除去正己烷中的芳烃，可将上述初精制的正己烷通过碱性氧化铝色谱柱，氧化铝用量为 200g/L。

③ 初步干燥的正己烷，加入钠丝或钠块，以二苯甲酮作为指示剂，回流至深蓝色。

其他烷烃类溶剂也可采取相同的方法进行精制。

2. 苯和甲苯

苯的常压沸点为 80.1℃，20℃时的密度和折光率分别为 $0.8790g/cm^3$ 和 1.5011，苯中常含有噻吩（沸点为 80.1℃），用蒸馏的方法难以除去。苯的纯化步骤如下。

① 利用噻吩比苯容易磺化的特点，用体积为苯的 10% 的浓硫酸反复洗涤，至酸层呈无色或微黄色。取苯 3mL，与 10mL 靛红-浓硫酸溶液（1g/L）混合，静置片刻后，若溶液呈浅蓝绿色，则表明噻吩仍然没有除净。

② 无噻吩的苯层用 10% 碳酸钠溶液洗涤 1 次，再用蒸馏水洗涤至中性，然后用无水 $CaCl_2$ 干燥。

③ 初步干燥的苯，加入钠丝或钠块，以二苯甲酮作为指示剂，回流至深蓝色。

甲苯的常压沸点为 110.6℃，20℃时的密度和折光率分别为 $0.8669g/cm^3$ 和 1.4969，常含有甲基噻吩（沸点为 112.51℃），其纯化方法同苯。

3. 四氢呋喃

四氢呋喃的常压沸点为 66℃，20℃时的密度和折光率分别为 $0.8892g/cm^3$ 和 1.4071，储存时间长易产生过氧化物。取 0.5mL 四氢呋喃，加入 1mL 的 10% 碘化钾溶液和 0.5mL 稀盐酸，混合均匀后，再加入几滴淀粉溶液，振摇 1min，溶液若显色，表明溶剂中含有四氢呋喃。其纯化如下。

① 四氢呋喃放入固体 KOH 浸泡数天，过滤，进行初步干燥。

② 向四氢呋喃中加入新制的 $CuCl_2$，回流数小时后，除去其中的过氧化物，蒸馏出溶剂。

③ 加入钠丝或钠块，以二苯甲酮作为指示剂，回流至深蓝色。

4. 1,4-二氧杂环己烷

1,4-二氧杂环己烷的常压沸点为 101.5℃，20℃时的密度和折光率分别为 $1.0336g/cm^3$ 和 1.4224，长时间存放也会产生过氧化物，商品溶剂中还含有二乙醇缩醛。其纯化如下：1,4-二氧杂环己烷与其质量 10% 的浓盐酸回流 3h，同时慢慢通入氮气，以除去生成的乙醛；加入 KOH 直至不再溶解为止，分离出水层。然后用粒状 KOH 初步干燥 1d，常压蒸出。初步除水的 1,4-二氧杂环己烷，再用钠丝或钠块，以二苯甲酮作为指示剂，回流至深蓝色。

5. 乙酸乙酯

乙酸乙酯的常压沸点为 77℃，20℃时的密度和折光率分别为 $0.894g/cm^3$ 和 1.3724，最常见的杂质为水、乙醇和乙酸。其纯化如下：在分液漏斗中，先用 5% 的碳酸钠溶液洗涤，再用饱和氯化钙溶液洗涤，分出酯层，用无水硫酸钙或无水硫酸镁干燥，进一步干燥用活化的 4A 分子筛。

6. 二甲基甲酰胺

二甲基甲酰胺的常压沸点为 153℃，20℃时的密度和折光率分别为 $0.9437g/cm^3$ 和 1.4297，与水互溶，150℃时缓慢分解，生成二甲胺和一氧化碳。在碱性试剂存在下，室温即可发生分解反应。因此不能用碱性物质作为干燥剂。其纯化如下：在无水 $CaSO_4$ 初步干燥后，减压蒸馏，如此纯化后可供大多数实验使用。若其含有大量水，可将 250mL 二甲基甲酰胺和 30g 苯混合，于 140℃蒸馏出水和苯，纯化好的溶剂应避光保存。

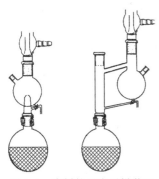

图 1-4　溶剂的回流干燥装置

溶剂的彻底干燥需要在隔绝潮湿空气的条件下进行，若处理好的溶剂存放时间较长，会吸收湿气，因此最好使用刚刚处理好的溶剂。图 1-4 的回流干燥装置可方便提供新鲜的溶剂，认真观察示意图，分析出它们的工作原理和使用方法。

（四）聚合物的分离和纯化

聚合物具有分子量的多分散性和结构的多样性，因此聚合物的精制与小分子的精制有所不同。聚合物的精制是指将其中的杂质除去，对于特定的聚合物而言，杂质可以是引发剂及其分解产物、单体分解及其他副反应产物和各种添加剂（如乳化剂、分散剂和溶剂），也可以是同分异构聚合物（如有规立构聚合物和无规立构聚合物，嵌段共聚物和无规共聚物），也可以是原料聚合物（如接枝共聚物中的均聚物）。根据所需除去的杂质，选择相应的精制方法，以下为聚合物常用的精制方法。

1. 溶解沉淀法

这是精制聚合物最原始的方法，也是应用最为广泛的方法。将聚合物溶解于溶剂 A 中，然后将聚合物溶液加入到对聚合物不溶但可以与溶剂 A 互溶的溶剂 B（聚合物的沉淀剂）中，使聚合物缓慢地沉淀出来，这就是溶解沉淀法。

聚合物溶液的浓度、沉淀剂加入速度以及沉淀温度等对精制的效果和所分离出聚合物的外观影响很大。聚合物浓度过大，沉淀物呈橡胶状，容易包裹较多杂质，精制效果差；浓度过低，虽精制效果好，但是聚合物呈微细粉状，收集困难。沉淀剂的用量一般是溶剂体积的 5～10 倍，聚合物残留的溶剂可以采用真空干燥的方法除去。

2. 洗涤法

用聚合物不良溶剂反复洗涤高聚物，通过溶解而除去聚合物所含的杂质，这是最为简单的精制方法。对于颗粒很小的聚合物一步洗涤干净。常用的溶剂有水和乙醇等价廉的溶剂。

3. 抽提法

可以通过索氏提取器进行提取。索氏抽提器由烧瓶、带两个侧管的提取器和冷凝管组成，形成的溶剂蒸气经蒸气侧管而上升，虹吸管则是提取器中溶液往烧瓶中溢流的通道。将被萃取的聚合物用滤纸包裹结实，放在纸筒内，把它置于提取器中，并使滤纸筒上端低于虹吸管的最高处。在烧瓶中装入适当的溶剂，最少量不得小于提取器容积的 1.5 倍。加热使溶剂沸腾，溶剂蒸气沿蒸气侧管上升至提取器中，并经冷凝管冷却凝聚。液态溶剂在提取器中汇集，润湿聚合物并溶解其中可溶性的组分。当提取器中的溶剂液面升高至虹吸管最高点时，提取器中的所有液体由提取器虹吸到烧瓶中，然后开始新一轮的溶解提取过程。保持一定的溶剂沸腾速度，使提取器每 15min 被充满一次，经过一定时间，聚合物中可溶性杂质就可以完全被抽提到烧瓶中，在抽提器中只留下纯净的不溶性聚合物，可溶性部分残留在溶剂中。抽提方法主要用于聚合物的分离，不溶性的聚合物以固体形式存在，可溶性的聚合物除去溶剂并经纯化后即得到纯净的组分。

4. 聚合物胶乳的破乳

乳液聚合的产物——聚合物胶乳除了含聚合物以外，更多的是溶剂水和乳化剂，要想得到纯净的聚合物，首先必须将聚合物与水分离开，常采用的方法是破乳。破乳是向胶乳中加入电解质有机溶剂或其他物质，破坏胶乳的稳定性，从而使聚合物凝聚。破乳以后，需要用大量的水洗涤，除去聚合物中残留的乳化剂。悬浮聚合所得到的聚合物颗粒较大，通过直接过滤即可获得较为纯净的产品，进一步纯化可采取溶解-沉淀法。

5. 聚合物的干燥

聚合物的干燥是将聚合物中残留的溶剂（如水和有机溶剂）除去的过程。最普通的干燥方法是将样品置于红外灯下烘烤，但是会因温度过高导致样品被烤焦；也可将样品置于烘箱内烘干，但是所需时间较长。比较适合于聚合物干燥的方法是真空干燥。真空干燥可以利用真空烘箱进行，将聚合物样品置于真空烘箱密闭的干燥室内，加热到适当温度并减压，能够快速、有效地除去残留溶剂。为了防止聚合物粉末样品在恢复常压时被气流冲走和固体杂质飘落到聚合物样品中，可以在盛放聚合物的容器上加盖滤纸或铝箔，并用针扎一些小孔，以利于溶剂挥发。也可以利用简易真空干燥装置，除去少量聚合物样品中的低沸点溶剂。冷冻干燥是在低温下进行的减压干燥，适用于有生物活性的聚合物样品。

6. 聚合物的分级

聚合物的分子量具有一定分布宽度，将不同分子量的级分分离出的过程称为聚合物的分级。聚合物的分级是了解聚合物分子量分布情况的重要方法，虽然凝胶渗透色谱可以快速、简洁地获得聚合物分子量分布，但是它只适用于可以合成出分子量单分散标准样品的聚合物，如聚苯乙烯、聚甲基丙烯酸甲酯、聚环氧乙烷等，因而要获取单分散聚合物和建立分子量测定标准时，聚合物的分级是必不可少的。

聚合物的分级主要利用聚合物溶解度与其分子量相关的原理，当温度恒定时，对于某种溶剂聚合物存在一个临界分子量，低于该值聚合物能以分子状态分散在溶剂中（称为聚合物溶解），高于该值聚合物则以聚集体形式悬浮于溶剂中。将多分散聚合物溶解于它的良溶剂中，维持固定的温度，缓慢向溶液中加入沉淀剂。沉淀剂加入初期，分子量高的级分首先从溶液中凝聚出而形成沉淀，适时将凝聚出的聚合物分离出，再向聚合物中加入沉淀剂，这样就可以依次得到分子量不同的单分散聚合物样品——级分。利用相同原理，可以维持聚合物的溶剂组成不变，依次降低溶液的温度，也可以对聚合物进行分级。于是，可以设计出溶解-沉淀分级法、溶解-降温分级法和溶解分级法。溶解分级可以在柱色谱中进行，用不同组成的聚合物溶剂-沉淀剂配制的混合溶剂逐步溶解聚合物样品，一般最初混合溶剂含较多的沉淀剂，则低分子量级分首先被分离出。

六、特殊的高分子化学实验手段

大部分聚合反应可以用通常的实验手段来完成，一般应用到的实验操作包括搅拌、加热、连续加料和通入惰性气体，图1-5为典型的有加热、连续加料、机械搅拌和通气的实验装置，反应可同时进行多种操作，此时反应的温度控制只能通过调节加热介质的温度来实现。采用机械搅拌，冷凝管可置于三口烧瓶中间；如果不需要连续加料，则可以对反应温度进行实时监控。

某些聚合反应还需要使用到其他的实验手段，如减压操作，高真空或无水、无氧操作，封管聚合等。

1. 聚合反应中的动态减压

无论是聚酯还是聚酰胺的合成，往往在反应后期需要进行减压操作，以从高黏度的聚合体系中将小分子产物水从体系中排除，使反应平衡向聚合物方向移动，提高缩聚反应程度和增加分子量，这些缩聚反应的共同特征是：反应体系黏度大、反应温度高并需要较高的真空度，针对这些特点需要采取以下措施。

①为使反应均匀，用强力机械搅拌，使用的搅拌棒要有一定的强度，以避免在高速转动过程中，叶片被损坏。

②为防止反应物质的氧化，高温下进行的聚合反应应该在惰性气氛或真空下进行。

③为防止单体的损失，减压操作应在反应后期进行。

④为提高体系的密闭性，搅拌导管和活塞等处要严格密封。

典型的减压缩聚反应实验装置如图 1-6 所示。

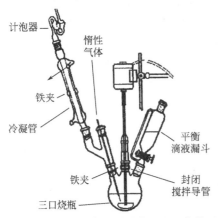 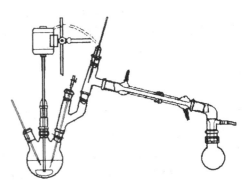

图 1-5　多种实验仪器同时使用的反应装置　　　图 1-6　典型的减压缩聚反应实验装置

2. 封管聚合

封管聚合是在静态减压条件下进行的聚合反应，将单体置于封管中，减压后密封聚合。由于封管聚合在密闭体系中进行，因此不适用于平衡常数低的熔融缩聚反应，尼龙-6 的合成以及许多自由基聚合反应可采用封管聚合的手段。常用的封管，由普通硬质玻璃管制成，偏上部分事先拉成细颈，有利于聚合时在此处烧融密封，该种封管的缺陷是容量小。改进后的封管底部吹制成球形，增加了聚合反应的容积，但是仍然需要烧融密封。通过带有磨口活塞可进行聚合前的准备工作，聚合时只要保证活塞的密闭性即可。这种装置可重复进行，较大的磁子也容易放入封管内。有细颈的封管在加料时会有许多麻烦，需要借助适当的工具。

3. 双排管反应系统

若进行高真空或无水、无氧聚合，可以设计和制作不同的实验装置来进行，双排管反应系统因方便、灵活而被广泛使用。其主体为两根玻璃管，固定在铁架台上，分别与通气系统和真空系统相通，两者之间则是通过多个三通活塞相连。三通活塞的另外一个接口连接到反应瓶上，平时分别用一个洁净干燥的烧瓶和一截弯曲的玻璃棒封闭出口。调节三通活塞的位置，可以使反应瓶处在动态减压、动态充气和压力恒定的状态。反应瓶可以设计成不同形状，如球形和圆柱形。反应瓶一般有两个接口，一个与双排管反应系统相连，可为磨口，也可以用真空橡胶管连接；另一个则是反应原料入口，可用翻口橡皮塞和三通活塞密封，物料可采取注射器法和内转移法加入。

七、聚合反应的监测和聚合物的鉴定

(一) 聚合反应的监测

在有机反应中，常用薄层色谱法监控反应物是否完全反应。要了解一个聚合反应进行的程度，就需要测定不同反应时间单体的转化率或基团的反应程度。常用的测定方法有重量法、化学滴定法、膨胀计法、折光分析法、黏度法和光谱分析法。

1. 重量法

当聚合反应进行到一定时间后，从反应体系中取出一定质量的反应混合液，采用适当方法分离出聚合物并称重。可以选用沉淀法快速分离出聚合物，但是低聚体难以沉淀出，并且在过滤和干燥过程中也会造成损失；也可以采用减压干燥的方法除去未反应的单体、溶剂和易挥发的成分，但是耗时较长，而且会有低分子量物质残留在聚合物样品中。

2. 化学滴定法

缩聚反应中常采用化学滴定法测定残余基团的数目，由此还可以获得聚合物的数均分子量。对于烯类单体的聚合反应，可以采用滴定 C═C 双键浓度的方法确定单体转化率。

（1）羧基滴定　称取适量聚合物加入到 100mL 锥形瓶中，用移液管加入 20mL 惰性溶剂（甲醇、乙醇、丙酮和苯等），缓慢搅拌使其溶解，必要时可回流。加入 2～3 滴 0.1% 的酚酞溶液作为指示剂，用 0.01～0.1mol/L 的 KOH 或 NaOH 标准溶液滴定至浅粉红色（颜色在 15～30s 内不褪色）。用相同方法进行空白滴定。由此可以得到 1g 聚合物所含羧基的质量摩尔浓度（mol/g）。

$$b_{COOH} = (V - V_0)c/m$$

式中，V 和 V_0 分别为样品滴定和空白样品滴定所消耗碱标准溶液的体积，L；c 为碱标准溶液的浓度，mol/L；m 为聚合物样品的质量，g。

（2）羟基滴定　羟基与酸酐反应生成酯和羧酸，滴定产生的羧酸量，即可知道聚合物样品中羟基的含量。在洁净干燥的棕色试剂瓶中加入 100mL 新蒸吡啶和 15mL 新蒸乙酸酐，混合均匀后备用。准确称量适量的聚合物，放入 100mL 磨口锥形瓶中，用移液管加入 10mL 上述吡啶-乙酸酐溶液，并用少量吡啶冲洗瓶口。然后装配上回流冷凝管和干燥管，缓慢搅拌使其溶解。在 100℃ 油浴中保持 1h，再用少量吡啶冲洗冷凝管，冷却至室温。加入 3～5 滴 0.1% 的酚酞乙醇溶液作为指示剂，用 0.5～1mol/L 的 KOH 或 NaOH 标准溶液滴定至浅粉红色（颜色在 15～30s 内不褪色）。用相同方法进行空白滴定。由此可以得到 1g 聚合物所含羟基的质量摩尔浓度（b_{OH}）。

$$b_{OH} = (V - V_0)c/m$$

式中，V 和 V_0 分别为样品滴定和空白样品滴定所消耗碱标准溶液的体积，L；c 为碱标准溶液的浓度，mol/L；m 为聚合物样品的质量，g。

（3）环氧值的滴定　环氧树脂中的环氧基团含量可用环氧值来表示，即 100g 环氧树脂中所含环氧基团的摩尔数。环氧基团在盐酸吡啶溶液中被盐酸开环，消耗等摩尔的 HCl，测定消耗的 HCl 的量，就可以得到环氧值。

准确称量 0.500g 环氧树脂，放入 250mL 磨口锥形瓶中，用移液管加入 0.2mol/L 的盐酸吡啶溶液 20mL，装配上回流冷凝管和干燥管，缓慢搅拌使其溶解。于 95～100℃ 油浴中保持 30min，再用少量吡啶冲洗冷凝管，冷却至室温。加入 3～5 滴 0.1% 的酚酞乙醇溶液作为指示剂，用 0.1～0.5mol/L 的 KOH 或 NaOH 标准溶液滴定至浅粉红色（颜色在 15～30s 内不褪色）。用相同方法进行空白滴定，由此得到环氧值 EPV。

$$EPV = (V - V_0) \times 100c/m$$

式中，V 和 V_0 分别为样品滴定和空白样品滴定所消耗碱标准溶液的体积，mL；c 为碱标准溶液的浓度，mol/L；m 为聚合物样品的质量，g。

（4）异氰酸酯基的测定　异氰酸酯基可与过量的胺反应生成脲，用酸标准溶液回滴定剩余的胺，即可得到异氰酸酯基的含量，比较合适的胺为正丁胺和二正丁胺。由于水和醇都能和异氰酸酯基反应，所以选用的溶剂需经过严格的干燥处理，并且为非醇、酚类试剂，一般选用苯或1,4-二氧杂环己烷作为溶剂。

准确称量1.000g样品，放入100mL磨口锥形瓶中，用移液管加入10mL 1,4-二氧杂环己烷，待样品完全溶解完毕后，用移液管加入10mL二正丁胺和1,4-二氧杂环己烷溶液（浓度为25g/100mL）。加塞，摇匀静置一段时间（芳香族异氰酸酯静置15min，脂肪族异氰酸酯静置45min）后，加入几滴甲基红溶液，用0.1mol/L的盐酸标准溶液滴定，至终点时颜色由黄色转变成红色。用相同方法进行空白滴定，由此得到1g聚合物中所含异氰酸酯基的质量摩尔浓度（b_{NCO}）。

$$b_{NCO} = (V-V_0) \, c/m$$

式中，V 和 V_0 分别为样品滴定和空白样品滴定所消耗碱标准溶液的体积，mL；c 为碱标准溶液的浓度，mol/L；m 为聚合物样品的质量，g。

（5）C＝C双键的测定 溴与C＝C双键可以定量反应生成二溴化物，利用该反应可测定化合物中C＝C双键的含量。一般是采用回滴定法，即用过量溴与化合物反应，过量的溴与KI反应生成单质碘，析出的I_2再用$Na_2S_2O_3$滴定，由此可得到C＝C双键的质量摩尔浓度（$b_{C=C}$）。

$$b_{C=C} = (V_1 - V_2)c$$

式中，V_1 和 V_2 分别为空白样品滴定和样品滴定所消耗碱标准溶液的体积，mL；c 为 $Na_2S_2O_3$ 标准溶液的浓度，mol/L。

3. 膨胀计法

烯类单体在聚合过程中，由于聚合物的密度高于单体的浓度而发生体积收缩，同时单体与相应聚合物混合时不会发生明显的体积变化，因此烯类单体聚合时单体的转化率和反应体系的体积之间存在线性关系。假设起始单体质量为 m_0，单体和聚合物密度分别为 ρ_m 和 ρ_p，反应一段时间后聚合体系的体积为 V_t，则单体的转化率（C）应满足：

$$C = \frac{V_0 - V_t}{m_0 \, (1/\rho_m - 1/\rho_p)} \times 100\%$$

为了跟踪聚合过程中体系的体积变化，可使聚合反应在膨胀计中进行。膨胀计的形状、大小和毛细管的粗细可根据聚合体系的体积变化和所要求的精度来确定。在聚合过程中，膨胀计应该无渗漏，聚合体系中无气泡产生，并严格控制反应温度。在低转化率下，聚合体系黏度低，热量传递容易，可以不用搅拌；在乳液聚合体系中搅拌必不可少。

膨胀计法是一种物理监测法，即利用聚合过程中聚合体系物理性质的变化来间接测定聚合反应的转化率。由于聚合物和单体折光率的差异，随着聚合的进行，聚合体系的折光率也连续发生变化，并与转化率关联，因此可以利用折光率来测定单体的转化率。聚合过程中，随着更多的聚合物生成，聚合体系的黏度逐渐增加，如果知道体系黏度与转化率的关系，则可以利用黏度法测定单体的转化率。

4. 色谱法

色谱法是一种简单、迅速而有效的方法，特别适用于共聚合体系，这是上述几种方法无法替代的。从聚合体系中取出少量聚合混合物，用沉淀剂分离出聚合物，就可以用气相色谱或液相色谱测定不同单体的相对含量，绝对量的确定需要在相同色谱工作条件下做出工作曲线。

5. 光谱法

由于单体和聚合物结构的不同，它们的光谱具有各自的特征，例如，可以利用它们红外光谱中特征吸收峰吸光度的相对强度变化来确定相应官能团的相对含量，进一步确定出单体与聚合物的比例，由此得到单体转化率。值得注意的是，绝对值的确定需要做出工作曲线。核磁共振谱也常常用于测定聚合反应进行的程度，特别适用于烯类单体的聚合反应，例如测定苯乙烯聚合反应的单体转化率，以苯环氢的质子峰作为内标，测定 $C=C$ 双键质子峰相对积分高度，即可求得单体的转化率。光谱法也适用于共聚体系。

（二）聚合物的表征

聚合反应结束后，需要将聚合物从反应体系中分离出，并进行适当的纯化，得到纯净聚合物样品。为了证实实验结果的正确性，需要对生成的聚合物进行结构的确定和性质的测定，即聚合物的表征。聚合物的表征内容包括：化学组成（元素组成、结构单元组成）、分子量大小及其分布、常见的物理性质（密度、折光率和热性质等）以及聚合物的高级结构（如聚集态结构），对于新合成的聚合物，还要测试其在不同溶剂中的溶解性能。

要确定聚合物的化学组成，首先要了解聚合物的元素组成，可以采用元素分析的方法；其次聚合物结构单元的测定可以使用红外光谱、核磁共振、拉曼光谱以及热解-色质联用分析仪等方法，并结合所使用的单体和所进行的聚合类型加以分析。使用红外光谱和核磁共振还可以确定聚合物的立构规整性以及共聚物的序列分布。

聚合物的分子量测定可以采取多种手段，膜渗透压法和气相渗透法可以得到聚合物的绝对数均分子量，光散射法可获得聚合物的绝对重均分子量，超速离心法可以同时获得绝对数均分子量和绝对重均分子量。实验室常常使用的是凝胶渗透色谱法（体积排斥色谱）和黏度法，它们需要用已知分子量的同种聚合物作为基准物才能得到分子量的绝对值。用凝胶渗透色谱法测定的实际上是聚合物溶液溶质的线团尺寸，对于嵌段共聚物和接枝共聚物而言，往往由于共聚物的自胶束化行为，而使实验值远远偏离理论值。化学滴定等端基分析法也可以得到聚合物的数均分子量，例如用核磁共振分析端基数量，这种方法对于分子量较低的聚合物才有较好的可信度。

聚合物的物理性质和高级结构可以采取许多实验方法来测定，这些在高分子物理及相应实验中有详细的介绍。

第三章
实　验

第一节　基础实验

实验一　常用单体及引发剂的精制

一、常用单体的精制

1. 甲基丙烯酸甲酯的精制

甲基丙烯酸甲酯（MMA）是无色透明的液体，其沸点为 100.3～100.6℃，20℃时的密度和折光指数分别为 0.937g/cm³ 和 1.4138。甲基丙烯酸甲酯常含有阻聚剂对苯二酚。对甲基丙烯酸甲酯精制的主要目的即是为了去除对苯二酚。

首先在 1000mL 分液漏斗中加入 750mL 甲基丙烯酸甲酯单体，用 5% 的 NaOH 水溶液反复洗至无色（每次用量 120～150mL），再用蒸馏水洗至中性。以无水硫酸镁干燥后静置过夜，然后进行减压蒸馏并收集馏分。甲基丙烯酸甲酯的沸点与压力的关系见表 1-5。

表 1-5　不同压力下甲基丙烯酸甲酯的沸点

压力 /Pa(mmHg)	2666.44 (20)	3999.66 (30)	5332.88 (40)	6666.10 (50)	7999.32 (60)	9332.54 (70)	10665.76 (80)	11998.98 (90)
温度/℃	11.0	21.9	25.5	32.1	34.5	39.2	42.1	46.8
压力 /Pa(mmHg)	13332.2 (100)	26664.4 (200)	39996.6 (300)	53328.8 (400)	66661.0 (500)	79993.2 (600)	101324.7 (760)	
温度/℃	46	63	74.1	82	88.4	94	101.0	

2. 苯乙烯的精制

苯乙烯（St）为无色或淡黄色透明液体，其在常压下的沸点为 145.20℃，20℃下的密度和折光指数分别为 0.906g/cm³ 和 1.5547。取 150mL 苯乙烯于分液漏斗中，用 5% NaOH 溶液反复洗至无色（每次用量 30mL）。再用蒸馏水洗涤到水层呈中性为止，随后用无水硫酸镁干燥。将干燥后的苯乙烯在 250mL 克氏蒸馏瓶中进行减压蒸馏并收集馏分。表 1-6 给出了苯乙烯沸点和压力的关系。

表 1-6 不同压力下苯乙烯的沸点

压力/Pa(mmHg)	666.61 (5)	1333.22 (10)	2666.44 (20)	3999.66 (30)	5332.88 (40)	6666.1 (50)
温度/℃	17.9	30.7	44.6	53.3	59.8	65.1
压力/Pa(mmHg)	7999.32 (60)	9332.54 (70)	10665.76 (80)	11998.98 (90)	13332.2 (100)	26664.4 (200)
温度/℃	69.5	73.3	76.5	79.7	82.4	101.7
压力/Pa(mmHg)	3996.6 (300)	53328.8 (400)	66661 (500)	7993.2 (600)	101324.72 (760)	
温度/℃	113.0	123.0	130.5	136.9	145.2	

3. 醋酸乙烯的精制

醋酸乙烯（VAc）是无色透明的液体，其在常压下的沸点为 72.5℃，冰点－100℃，20℃的密度和折光指数分别为 0.9342g/cm³ 和 0.3956。在 20℃水中的溶解度为 2.5%，可与醇混溶。

把 200mL 的醋酸乙烯放在 500mL 分液漏斗中，先用饱和 NaHSO₃ 溶液和蒸馏水各洗涤 3 次，每次用量 50mL；随后再分别用饱和 Na₂CO₃ 溶液和蒸馏水洗涤 3 次，每次用量 50mL；最后将醋酸乙烯放入干燥的 500mL 磨口锥形瓶中，用无水 MgSO₄ 干燥并静置过夜。

将干燥的醋酸乙烯在装有韦氏分馏柱的精馏装置上进行精馏。为了防止暴沸和自聚，在蒸馏瓶中加入几粒沸石及少量对苯二酚阻聚剂。收集 71.8～72.5℃之间的馏分。

4. 丙烯腈的精制

丙烯腈（AN）为无色透明液体，其在常压下的沸点为 77.3℃，20℃的密度和折光指数分别为 0.806g/cm³ 和 1.3911。在 20℃水中的溶解度为 7.5%。

取 200mL 工业丙烯腈放于 500mL 蒸馏瓶中进行常压蒸馏，收集 73～78℃馏分。

注意： 丙烯腈有剧毒，操作最好在通风橱中进行，操作过程中要仔细，绝对不能进入口中或接触皮肤。仪器装置要严密，毒气应排出室外，残渣要用大量水冲洗掉！

二、常用引发剂的精制

1. 过氧化二苯甲酰的精制

过氧化二苯甲酰（BPO）通常为白色粉末，熔点为 170℃。过氧化苯甲酰只能在室温下溶于氯仿中，不能加热，否则容易引起爆炸。BPO 的提纯常采用重结晶法，以氯仿为溶剂，以甲醇为沉淀剂进行精制。

纯化步骤：在 1000mL 烧杯中加入 50g 过氧化二苯甲酰和 200mL 氯仿，不断搅拌使之溶解并进行过滤。将滤液直接滴入 500mL 甲醇中，该过程中将会出现白色的针状结晶（即 BPO）。然后将带有白色针状结晶的甲醇进行过滤，并用冰冷的甲醇洗净抽干。待甲醇挥发后称重。然后根据上述比例和步骤重复进行两次重结晶后，将沉淀物（BPO）置于真空干燥箱中在室温下干燥（不能加热，容易引起爆炸），最后称重并计算收率。产品放在棕色瓶中并保存于干燥器中。过氧化二苯甲酰在不同溶剂中的溶解度见表 1-7。

表 1-7 过氧化二苯甲酰在不同溶剂中的溶解度（20℃）

溶剂	石油醚	甲醇	乙醇	甲苯	丙酮	苯	氯仿
溶解度	0.5	1.0	1.5	11.0	14.6	16.4	31.6

2. 偶氮二异丁腈的精制

偶氮二异丁腈（AIBN）是一种广泛应用的引发剂。AIBN 的熔点为 102℃，在高温下容易分解而放出氮气。作为 AIBN 的提纯溶剂主要是低级醇，尤其是乙醇。也有用乙醇-水混合物、甲醇、乙醚、甲苯、石油醚等作溶剂进行精制的报道。

精制步骤：在装有回流冷凝管的 150mL 锥形瓶中，加入 50mL 95％的乙醇，于水浴上加热至接近沸腾时，迅速加入 5g 偶氮二异丁腈并摇荡，使其全部溶解（煮沸时间长，分解严重）。随后将热溶液迅速抽滤（过滤所用漏斗及吸滤瓶必须提前预热）。待滤液冷却后出现白色结晶，此时用布氏漏斗过滤。将结晶产物置于真空干燥箱中干燥并称重。

3. 过硫酸钾和过硫酸铵的精制

在过硫酸盐中主要杂质是硫酸氢钾（或硫酸氢铵）和硫酸钾（或硫酸铵），可用少量水反复结晶进行精制。将过硫酸盐在 40℃水中溶解并过滤，滤液用冰水浴冷却，过滤出结晶，并以冰冷的水洗涤，期间用 $BaCl_2$ 溶液检验滤液无 SO_4^{2-} 为止。将白色柱状及板状结晶置于真空干燥箱中干燥。在纯净干燥状态下，过硫酸钾能保持很久，但有湿气时，则会逐渐分解放出氧气。可以用碘量法测定过硫酸钾和过硫酸铵的纯度。

实验二　甲基丙烯酸甲酯本体聚合

一、实验目的

（1）了解本体聚合的特点，掌握本体聚合的实施方法。
（2）掌握本体浇注聚合的合成方法及有机玻璃生产工艺。
（3）熟悉有机玻璃的制备过程中常易出现的问题及其解决方法。

二、实验原理

本体聚合是不加反应介质及助剂等，只有单体本身在引发剂或光、热等的作用下进行的聚合，又称块状聚合。本体聚合的优点是生产过程比较简单，聚合产物的纯度高，聚合物不需要后处理，可直接得到各种规格的板、棒、管制品。随着聚合反应的进行，转化率提高，体系黏度增加，聚合热难以散发，系统的散热是聚合过程的关键。由于黏度增加，长链自由基末端被包埋，扩散困难使自由基双基终止速率大大降低，致使聚合速率急剧增加而出现所谓含有自动加速现象或凝胶效应，轻则造成体系局部过热，使聚合物分子量分布变宽，产品外观变黄，出现气泡，从而影响产品的机械强度；重则导致体系温度失控，引起爆聚。因此，本体聚合中严格控制不同阶段的反应温度，及时排出聚合热是聚合成功的关键。为克服这一缺点，一般采用分段聚合：如第一阶段保持较低转化率，此阶段体系黏度较低，散热尚无困难，可在较大的反应器中进行；第二阶段转化率和黏度较大，可进行薄层聚合或在特殊设计的反应器内聚合。

聚甲基丙烯酸甲酯（PMMA）由于有较大的侧基存在，采用自由基聚合所得 PMMA 的对称性和规整性较差，是无定形固体，具有高度透明性，而且 PMMA 密度小，有一定的耐冲击强度与良好的低温性能，是航空工业与光学仪器制造工业的重要原料。MMA 单体密度只有 $0.94g/cm^3$，而 PMMA 密度为 $1.17g/cm^3$，故聚合后体系有较大的体积收缩。如果直接进行 MMA 的本体聚合，由于发热而产生气体只能得到含有气泡的聚合物。选用悬浮聚合或乳液聚合等其他聚合方法，由于杂质的引入，产品的透明度远不及本体聚合法。用 MMA 进行本体聚合时，为了解决散热，避免自动加速作用而引起的爆聚现象，以及单体转化为聚合物时由于密度不同而引起的起泡等问题,目前工业上及实验室多采用预聚-浇注聚合的方法。将本体聚合迅速进行到某种程度(转化率10%左右)做成单体中溶有聚合物的黏稠溶液(预聚)后,再将其注入相应的模具中,在低温下缓慢聚合使转化率达到93%~95%,最后在100℃下高温聚合至反应完全,最后脱模制得有机玻璃。

本实验是以甲基丙烯酸甲酯进行本体聚合生产有机玻璃棒。甲基丙烯酸甲酯在过氧化二苯甲酰(BPO)引发剂存在下进行如下聚合反应:

$$n\mathrm{CH_2}{=}\underset{\underset{\mathrm{COOCH_3}}{|}}{\overset{\overset{\mathrm{CH_3}}{|}}{\mathrm{C}}} \xrightarrow{\mathrm{BPO}} \left[\mathrm{CH_2}{-}\underset{\underset{\mathrm{COOCH_3}}{|}}{\overset{\overset{\mathrm{CH_3}}{|}}{\mathrm{C}}}\right]_n$$

三、实验仪器和试剂

四口烧瓶,电动搅拌器,温度计,球形冷凝管,恒温水浴,试管等。

甲基丙烯酸甲酯(MMA),过氧化二苯甲酰(BPO),均为分析纯,使用前都需要进行精制。

四、实验步骤

1. 预聚合反应

在装有搅拌器、冷凝管、温度计的 250mL 的四口烧瓶中加入溶有 0.5g BPO 的 MMA 溶液共 50mL,开动搅拌并升温至 75~80℃,反应 20~30min,期间注意观察体系的黏度变化。当物料呈蜜糖状时,用冷水浴骤然降温至 40℃以下并停止搅拌,随后将四口烧瓶中的预聚物加入已备好的试管中。

2. 后聚合反应

将上述试管放入水浴中,升温至 60℃并保温 1~2h,待试管中基本无气泡产生且聚合物基本变硬时,升温至 100℃并保温 1h。随后自然冷却到 40℃以下,去除玻璃试管,即可得到光滑且无色透明的有机玻璃棒。

五、思考题

(1) 本体聚合方法有什么特点?

(2) 制备有机玻璃时,为什么需要首先制成具有一定黏度的预聚物?

(3) 如果最后产物出现气泡,试分析原因。

(4) 凝胶效应进行完毕后,提高反应温度的目的何在?

实验三 醋酸乙烯溶液聚合

一、实验目的

(1) 掌握溶液聚合的特点和选择溶剂和引发剂时应注意的事项。

(2) 熟悉醋酸乙烯进行溶液聚合时的特点。

(3) 了解聚醋酸乙烯的用途。

二、实验原理

溶液聚合是单体、引发剂在适当的溶剂中进行的聚合反应。根据聚合物在溶剂中溶解与否,溶液聚合又分为均相溶液聚合和非均相溶液聚合或沉淀聚合。自由基聚合、离子聚合和缩聚反应均可采用溶液聚合。

与本体聚合相比，溶液聚合具有以下优点。

① 体系黏度较低，混合以及传热容易，不容易产生局部过热，聚合反应温度易于控制。

② 聚合物容易从体系中取出。

③ 可以通过选择不同的溶剂或者通过分子量调节剂控制聚合物的分子量。

④ 聚合体系中聚合物的浓度较低，向聚合物的链转移不易发生，产物不易形成交联结构或产生凝胶化。

⑤ 引发剂、分子量调节剂和残存的单体等都可简单除去。

虽然溶液聚合方法优点颇多，但是，工业生产上却由于单体的聚合速率慢，聚合过程存在向溶剂的链转移反应使分子量变低，反应设备的利用效率较低，且使用有机溶剂将增加成本，溶剂回收困难还附加运行成本等原因，溶液聚合在工业上并不经常采用，只在直接使用聚合物溶液的情况下才采用溶液聚合的方法，如涂料、胶黏剂、浸渍剂和合成纤维纺丝液等。

进行溶液聚合时，最简单的溶液聚合体系包括 3 个组分：单体、引发剂和溶剂，根据实际需要有时还添加其他组分，如分子量调节剂等。为了获得具有所期望性能的聚合物，在单体确定后，须考虑到溶剂并非完全惰性，对反应会产生各种影响。所以，选择合适的溶剂是至关重要的。溶剂的选择应兼顾以下几个方面。

① 对引发剂分解的影响。不同种类引发剂的分解速率对溶剂的依赖性不同，偶氮类引发剂（如偶氮二异丁腈）的分解速率受溶剂的影响很小，但有机过氧化物引发剂的分解速率对溶剂有较大的依赖性。这主要是溶剂对引发剂的诱导分解作用造成的，诱导分解的结果使引发剂引发效率降低，引发速率增大，聚合速率加快。这种作用按下列顺序依次增大：芳烃、烷烃、醇类、醚类、胺类，即溶剂属于给电子型，则诱导分解效应加强，过氧类引发剂在醇、醚、胺类溶剂中诱导分解现象明显，就是因为苯甲酸酯自由基与受电子体之间的相互作用。

② 溶剂的链转移作用。自由基是一个非常活泼的反应中心，不仅能引发单体分子进行聚合，而且还能与溶剂发生反应，夺取溶剂分子的一个原子，如氯或氢，以满足它的不饱和原子价。溶剂分子提供这种原子的能力越强，链转移作用就越强。若发生链转移反应生成的自由基活性降低，则聚合速率也将减小。另外，发生向溶剂的链转移反应后生成的自由基活性不变，引发聚合的效果不变，即不影响聚合反应速率。但是，总的来说，链转移的结果使聚合物分子量降低，且改变了聚合物链的端基。因此，在选择溶剂时必须注意溶剂的活性大小。各种溶剂的链转移常数变动很大，水为零，苯较小，卤代烃较大。一般根据聚合物分子量的要求选择合适的溶剂。

③ 对聚合物的溶解性能。溶剂溶解聚合物的能力控制着活性链的形态（蜷曲或伸展）及其黏度，决定了链终止速率和分子量的分布。选用良溶剂时，反应为均相聚合，可以消除凝胶效应，遵循正常的自由基动力学规律。选用沉淀剂时，则成为沉淀聚合，凝胶效应显著。产生凝胶效应时，反应自动加速，分子量增大，劣溶剂的影响介于其间，影响程度随溶剂的优劣程度和浓度而定。

④ 此外，还需要综合考虑溶剂的价格、毒性、来源是否方便、是否容易回收等。

在溶液聚合中，引发剂的选择同样是十分重要的。均相溶液聚合体系首先要选择溶于聚合体系的引发剂，其次要根据聚合反应温度选择半衰期合适的引发剂，保证自由基形成速率适中。如果半衰期过长，分解速率过低，聚合时间势必延长；半衰期过短，引发太快，聚合反应温度就难以控制，也可能造成引发剂过早分解完毕，聚合反应在较低的转化率下就停止反应。一般要求引发剂的半衰期最好比聚合时间短一些，或者至少处于同一数量级。

聚合温度也很重要，随着温度的升高，反应速率要加快，分子量要降低。当其他条件固定时，随着温度升高，链转移反应速率也要增加，所以选择合适的温度，对保证聚合物的质量是很有意义的。

聚醋酸乙烯酯适于制造维尼纶纤维，分子量的控制是关键。根据反应条件的不同，如温度、引发剂用量、溶剂等的不同可得到分子量从 2000 到几万的聚醋酸乙烯酯。聚合时，溶剂回流带走反应热，温度平稳。但由于溶剂引入，大分子自由基和溶剂易发生链转移反应使分子量降低。

本实验以甲醇为溶剂进行醋酸乙烯酯的溶液聚合。

三、实验仪器和试剂

四口烧瓶，回流冷凝管，电动搅拌器，温度计，恒温水浴。
醋酸乙烯酯，偶氮二异丁腈，甲醇。

四、实验步骤

(1) 在装有搅拌器、回流冷凝管、温度计的干燥洁净的 250mL 四口烧瓶中依次加入新精制过的醋酸乙烯 30mL（VAc 密度为 $0.9342g/cm^3$），0.05g 偶氮二异丁腈和 10mL 甲醇（密度为 $0.7928g/cm^3$），在搅拌下水浴加热，使其回流（水浴温度控制在 70℃），反应温度控制在 65℃。

(2) 当反应物变黏稠，转化率为 50％左右时，加入 20mL 甲醇，使反应瓶中反应物稀释，然后将溶液慢慢倾入盛水的大搪瓷盘中。聚醋酸乙烯呈薄膜析出，待膜不黏结时，用水反复洗涤，晾干后，剪成碎片，放入烘箱内进行干燥。计算产率。

五、注意事项

(1) 当反应进行到一定程度时，由于聚合物不断形成，体系越来越黏稠，在转化率为 50％左右时，体系黏度较高，以致所有聚合物完全脱离瓶壁粘在搅拌棒上，形成一大块，这时即可停止反应。

(2) 干燥聚合物时，最好在真空烘箱中进行，控制在 40～50℃ 及 133kPa（100mmHg），至聚合物恒重，这样能更好地除去未反应的单体、溶剂和水。用普通干燥箱干燥需要更长的时间，才能达到基本要求。

六、思考题

(1) 试以醋酸乙烯溶液聚合为例，说明溶液聚合的特点，并分析影响溶液聚合反应的因素。
(2) 请说明溶剂的选择对聚合反应及聚合产物的影响。

实验四　丙烯酰胺水溶液聚合

一、实验目的

(1) 掌握溶液聚合的方法及原理，学习如何正确的选择溶剂。
(2) 掌握通过溶液聚合方法制备丙烯酰胺的步骤和特点。

(3) 了解聚丙烯酰胺树脂的特点及用途。

二、实验原理

与本体聚合相比,溶液聚合体系具有黏度低、搅拌和传热比较容易、不易产生局部过热、聚合反应容易控制等优点。但由于溶剂的引入,溶剂的回收和提纯使聚合过程复杂化。只有在直接使用聚合物溶液的场合,如涂料、胶黏剂、浸渍剂、合成纤维纺丝液等,使用溶液聚合才最为有利。

进行溶液聚合时,由于溶剂并非完全是惰性的,对反应要产生各种影响,选择溶剂时要注意其对引发剂分解的影响、链转移作用、对聚合物的溶解性能的影响。

丙烯酰胺为水溶性单体,其聚合物也溶于水。本实验采用水为溶剂进行丙烯酰胺的溶液聚合。与使用有机溶剂的溶液聚合相比,水溶液聚合具有价廉、无毒、链转移常数小、对单体和聚合物的溶解性能好的优点。聚丙烯酰胺是一种优良的絮凝剂,水溶性好,广泛应用于石油开采、选矿、化学工业及污水处理等方面。合成聚丙烯酰胺的化学反应简式如下:

$$nCH_2\!=\!CH \longrightarrow \{CH_2\!-\!CH\}_n$$
$$\overset{|}{O\!=\!C\!-\!NH_2} \qquad \overset{|}{O\!=\!C\!-\!NH_2}$$

三、实验仪器和试剂

四口烧瓶,回流冷凝管,电动搅拌器,温度计,恒温水浴。
丙烯酰胺,甲醇,过硫酸钾(或过硫酸铵),氮气。

四、实验步骤

(1) 在装有搅拌器、回流冷凝管和温度计的 250mL 四口烧瓶中加入 10g 丙烯酰胺和 90mL 蒸馏水。开动搅拌器,在氮气存在的情况下用水浴加热至 30℃,使单体溶解。然后把溶解在 10mL 蒸馏水中的 0.05g 过硫酸钾加入到四口烧瓶中。逐步升温到 90℃并保温 2~3h。

(2) 反应完毕后,将所得产物倒入盛有 150mL 甲醇的 500mL 烧杯中,边倒边搅拌,聚丙烯酰胺便沉淀下来。向烧杯中加入少量的甲醇,观察是否仍有沉淀生成。如果有沉淀生成,则再逐滴加入甲醇,直至无沉淀物析出为止。然后用布氏漏斗抽滤,使用少量的甲醇洗涤 3 次后将聚合物转移到表面皿上,在 30℃真空烘箱中干燥至恒重后称重,计算产率。

五、注意事项

通氮气是为了去除水中溶解的氧气,可以减少或消除氧气引起的阻聚现象,缩短诱导期。

六、思考题

(1) 进行溶液聚合时,选择溶剂应注意哪些问题?
(2) 工业上在什么情况下采用溶液聚合?

第二节 设计实验

实验一 醋酸乙烯酯的乳液聚合

一、实验目的

(1) 掌握乳液聚合的配方及乳液聚合粒子形成和增长的机理。

(2) 掌握醋酸乙烯酯乳液聚合的特点。

(3) 熟悉乳液聚合过程中乳化剂和引发剂等条件影响乳液性能的原因。

二、实验原理

在乳液聚合中，有两种粒子成核过程，即胶束成核和均相成核。醋酸乙烯酯（VAc）是水溶性较大的单体，28℃时在水中的溶解度为2.5%，因此它主要以均相成核形成乳胶粒。所谓均相成核即水相聚合生成的短链自由基在水相中沉淀出来，沉淀粒子从水相和单体液滴吸附乳化剂分子而稳定，接着又扩散入单体，形成乳胶粒的过程。

醋酸乙烯酯乳液聚合最常用的乳化剂是非离子型乳化剂聚乙烯醇。聚乙烯醇主要起保护胶体作用，防止粒子相互合并。由于其不带电荷，对环境和接枝的酸碱度不敏感，但是形成的乳胶粒较大。而阴离子型乳化剂，如烷基磺酸钠 RSO_3Na（$R=C_{12} \sim C_{18}$）或烷基苯磺酸钠 $RPhSO_3Na$（$R=C_7 \sim C_{14}$），由于乳胶粒外负电荷的相互排斥作用，使乳液具有较大的稳定性，形成的乳胶粒子小，乳液黏度大。本实验将非离子型乳化剂和离子型乳化剂按一定比例混合使用，以提高乳化效果和乳液的稳定性。非离子型乳化剂使用聚乙烯醇和OP-10，主要起保护胶体的作用；而离子型乳化剂选用十二烷基磺酸钠，可减小粒径，提高乳液稳定性。

醋酸乙烯酯胶乳广泛应用于建材、纺织、涂料等领域，主要作为黏合剂使用，既要具有较好的黏结性，而且要求黏度低、固含量高、乳液稳定。聚合反应采用过硫酸盐为引发剂，按自由基聚合的反应历程进行聚合，主要聚合反应式如下：

为使反应平稳进行，单体和引发剂均需分批加入。本实验分两步加料反应：第一步加入少许的单体、引发剂和乳化剂进行预聚合，可生成颗粒很小的乳胶粒子；第二步，继续加单体和引发剂，在一定的搅拌条件下使其在原来形成的乳胶粒子上继续长大。由此得到的乳胶粒子，不仅粒度较大，而且粒度分布均匀。这样保证了高固含量的情况下，仍具有较低的黏度。

三、实验仪器和试剂

蒸馏头，直形冷凝管，接收管，单口烧瓶，三口烧瓶，搅拌器，温度计，量筒，烧杯，滴液漏斗，分液漏斗，球形冷凝管，电热套。

醋酸乙烯酯，聚乙烯醇，十二烷基磺酸钠，OP-10，过硫酸铵，邻苯二甲酸二丁酯，沸石，亚硫酸氢钠，无水硫酸钠。

四、实验步骤

1. VAc 的精制

取 50mL 的醋酸乙烯酯于分液漏斗中，用饱和亚硫酸氢钠溶液洗涤 3 次（每次用量约 50mL），然后用去离子水洗涤至中性，最后将醋酸乙烯酯放入干燥的磨口锥形瓶中，用无水硫酸钠干燥，过夜。将经过洗涤和干燥的醋酸乙烯酯进行常压蒸馏，收集 71.8～72.5℃ 之间的馏分。图 1-7 和图 1-8 给出了常压蒸馏和聚合反应时所用装置的示意图。

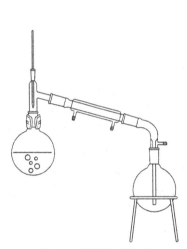

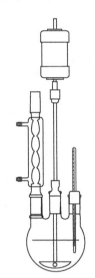

图 1-7　常压蒸馏装置　　　　　　　图 1-8　聚合反应装置

2. 乳液聚合

（1）称取聚乙烯醇 5.0g 和 90mL 蒸馏水，置于四口烧瓶中，开动搅拌并升温至 80℃，将聚乙烯醇全部溶解。

（2）降温至 68～70℃，依次加入新鲜蒸馏的 VAc 21.4mL，十二烷基磺酸钠 1g，20%（质量分数）的 OP-10 溶液 5mL 以及 20%（质量分数）的过硫酸铵溶液 2.5mL，反应 30min 后，再加入另一半引发剂，并开始滴加剩余 VAc 单体 42.8mL。滴加速度控制在 30～40 滴/min，滴加时注意控制反应温度不变。

（3）待单体滴加完后，继续反应 0.5h，然后加入 5.0mL 邻苯二甲酸二丁酯并搅拌 20min。

（4）将反应体系降至室温，出料。

设计改变乳化剂和引发剂用量进行实验。当改变乳化剂用量时，固定 VAc 单体（64.2mL）和引发剂的用量以及乳化剂聚乙烯醇/十二烷基磺酸钠/OP-10 的配比不变，在 7%～15% 之间改变乳化剂的总用量进行 5 组实验；变化引发剂用量时，改变第 2 次加入引发剂溶液的用量（2.0～5.0mL）进行 4 组实验。测定不同条件下单体的转化率并对结果进行分析。

五、思考题

(1) 醋酸乙烯酯乳液聚合体系与理想的乳液聚合体系有何不同？

(2) 如何从聚合物乳液中分离出固体聚合物？

(3) 为什么要严格控制单体滴加速度和聚合反应温度？

实验二 苯丙乳液聚合

一、实验目的

(1) 掌握乳液聚合特点、配方及各组分的作用。

(2) 掌握实验室制备苯丙乳液的聚合方法及与醋酸乙烯酯乳液的差异。

(3) 熟悉苯丙乳液的制备过程及乳液的用途。

二、实验原理

乳液聚合是指单体在乳化剂的作用下分散在介质中，加入水溶性引发剂，在搅拌或振荡下进行的非均相聚合反应。它既不同于溶液聚合，也不同于悬浮聚合。乳化剂是乳液聚合的主要成分。乳液聚合的引发、增长、终止都在胶束的乳胶粒内进行。单体液滴只是储藏单体的仓库。反应速率主要决定于粒子数。乳液聚合具有快速，分子量高的特点。

苯丙乳液是苯乙烯、丙烯酸酯类、丙烯酸三元共聚乳液的简称。苯丙乳液作为一类重要的中间化工产品，有非常广泛的用途，现已用作建筑涂料、金属表面胶乳涂料、地面涂料、纸张黏合剂、胶黏剂等，具有无毒、无味、不燃、污染少、耐候性好、耐光、耐腐蚀性优良等特点。

本实验以苯乙烯、丙烯酸丁酯、丙烯酸等为原料，过硫酸铵为引发剂，十二烷基硫酸钠、OP-10 和 $NaHCO_3$ 为乳化剂，水为分散介质进行乳液聚合。苯乙烯在水相中溶解度很小，主要以胶束成核，乳化剂可以使互不相溶的单体-水转变为稳定的不分层的乳液。

三、实验试剂

丙烯酸丁酯，苯乙烯，丙烯酸，十二烷基硫酸钠（SDS），OP-10，过硫酸铵（APS），$NaHCO_3$，磷酸三丁酯。

四、实验步骤

(1) 称取 APS 0.20g 溶于 5mL 水中备用。

(2) 将溶有 0.20g SDS，0.3g OP-10 和 0.1g $NaHCO_3$ 的水溶液 15g 加入到 100mL 的烧杯中，随后再加入 18g 丙烯酸丁酯，15g 苯乙烯和 1.5g 丙烯酸，搅拌 15min 后制得预乳液。

(3) 在装有电动搅拌器、温度计（滴液漏斗）、冷凝管的 250mL 三口烧瓶中加入 50g 蒸馏水，再加入一半的预乳液和一半引发剂，开动搅拌，在 78～83℃下反应 20min。

(4) 在 20～30min 将另一半的预乳液和引发剂加入到反应瓶中，随后在 85～87℃下反应 2h。降温至 40℃以下，加入磷酸三丁酯等助剂后放料。

改变 SDS 和 APS 的用量及单体的配比和用量等条件进行设计性实验，测定乳液固含量和黏度等，对所得结果进行分析。乳化剂 SDS 和 APS 用量的范围为 0.15～3.0g；单体总量介于 27～37g。

五、思考题

(1) 比较乳液聚合、溶液聚合、悬浮聚合的反应特点。
(2) 乳化剂的作用是什么？
(3) 本实验操作应注意哪些问题？

实验三 苯乙烯珠状聚合

一、实验目的

(1) 掌握悬浮聚合的原理及配方中各组分的作用。
(2) 掌握苯乙烯珠状聚合的特点及如何调节粒子粒径。
(3) 熟悉苯乙烯珠状聚合实验操作。

二、实验原理

悬浮聚合是指在较强的机械搅拌下，借悬浮剂的作用，将溶有引发剂的单体分散在另一种与单体不溶的介质中（一般为水）所进行的聚合。根据聚合物在单体中溶解与否，可得透明状聚合物或不透明不规整的颗粒状聚合物。像苯乙烯、甲基丙烯酸酯，其悬浮聚合物多是透明珠状物，故又称珠状聚合；而聚氯乙烯因不溶于其单体中，故为不透明、不规整的乳白色小颗粒（称为粉状聚合）。

悬浮聚合实质上是单体小液滴内的本体聚合，在每一个单体小液滴内单体的聚合过程与本体聚合是相类似的，但由于单体在体系中被分散成细小的液滴，因此，悬浮聚合又具有它自己的特点。由于单体以小液滴形式分散在水中，散热表面积大，水的比热容大，因而解决了散热问题，保证了反应温度的均一性，有利于反应的控制。悬浮聚合的另一优点是由于采用悬浮稳定剂，所以最后得到易分离、易清洗、纯度高的颗粒状聚合产物，便于直接成型加工。

可作为悬浮剂的有两类物质：一类是可以溶于水的高分子化合物，如聚乙烯醇、明胶、聚甲基丙烯酸钠等；另一类是不溶于水的无机盐粉末，如硅藻土、钙/镁的碳酸盐、硫酸盐和磷酸盐等。悬浮剂的性能和用量对聚合物颗粒大小和分布有很大影响。一般来讲，悬浮剂用量越大，所得聚合物颗粒越细，如果悬浮剂为水溶性高分子化合物，悬浮剂分子量越小，所得的树脂颗粒就越大，因此悬浮剂分子量的不均一会造成树脂颗粒分布变宽。如果是固体悬浮剂，用量一定时，悬浮剂粒度越细，所得树脂的粒度也越小，因此，悬浮剂粒度的不均匀也会导致树脂颗粒大小的不均匀。为了得到颗粒度合格的珠状聚合物，除加入悬浮剂外，严格控制搅拌速率是一个相当关键的问题。随着聚合转化率的增加，小液滴变得很黏，如果搅拌速率太慢，则珠状不规则，且颗粒易发生黏结现象。但搅拌太快时，又易使颗粒太细，因此，悬浮聚合产品的粒度分布的控制是悬浮聚合中的一个很重要的问题。

苯乙烯（St）通过聚合反应生成如下聚合物。反应式如下：

本实验要求聚合物体具有一定的粒度。粒度的大小通过调节悬浮聚合的条件来实现。

三、实验仪器和试剂

250mL 三口烧瓶，电动搅拌器，恒温水浴，冷凝管，温度计，吸管，抽滤装置。

苯乙烯，聚乙烯醇，过氧化二苯甲酰，甲醇。

四、实验步骤

(1) 在 250mL 三口烧瓶上，装上搅拌器和水冷凝管。量取 100mL 去离子水，称取 0.5g 聚乙烯醇 (PVA) 加入到三口烧瓶中，开动搅拌器并加热水浴至 95℃ 左右，待聚乙烯醇完全溶解后 (约 20min)，将水温降至 80℃ 左右。

(2) 称取 0.5g 过氧化二苯甲酰 (BPO) 于一个干燥洁净的 50mL 量筒 (或烧杯) 中，并加入 20g 单体苯乙烯 (已精制) 使之完全溶解。

(3) 将溶有引发剂的单体倒入三口烧瓶中，此时需小心调节搅拌速率，使液滴分散成合适的颗粒度 (注意开始时搅拌速率不要太快，否则颗粒分散的太细)，继续升高温度，控制水浴温度在 86～89℃ 范围内，使之聚合。一般在达到反应温度后 2～3h 为反应危险期，此时搅拌速率控制不好 (速率太快、太慢或中途停止等)，就容易使珠子黏结变形。

(4) 在反应 3h 后，可以用大吸管吸出一些反应物，检查珠子是否变硬，如果已经变硬，即可将水浴温度升高至 90～95℃，反应 1h 后即可停止反应。

(5) 将反应物进行过滤，并把所得到的透明小珠子放在 25mL 甲醇中浸泡 20min (请思考为什么?)，然后再过滤 (甲醇回收)，将得到的产物用约 50℃ 的热水洗涤几次 (请思考为什么?)，用滤纸吸干后，置产物于 50～60℃ 烘箱内干燥，计算产率，观看颗粒度的分布情况。

变化稳定剂 PVA、引发剂 BPO 和苯乙烯单体的用量及搅拌速率等条件进行设计性实验，观察所得粒子粒径分布情况，测定单体转化率等，并对所得结果进行分析。稳定剂和引发剂用量范围为 0.3～0.8g；苯乙烯用量介于 15～25g 之间。

五、注意事项

(1) 在工业上要得到一定分子量的珠状聚合物，一般引发剂用量应为单体质量的 0.2%～0.5%，但反应时间较长。本实验为了缩短反应时间，因此，选用了较大的引发剂用量 (单体质量的 2.5%)。

(2) 工业上为提高设备利用率，采用的水油比较小，一般为 1:1～4:1，而在本实验中所采用的水油比为 5:1，因为高水油比有利于操作 (水油比即水用量与单体用量之比)。

(3) 聚乙烯醇的用量根据所要求的珠子的颗粒度大小以及所用的聚乙烯醇本身的性质 (分子量，醇解度) 而定。根据各方面的资料来看，用量差别较大，其用量相对于单体来说，最多的为 3%，最少的为 0.1%～0.5%，根据我们的实验条件，聚乙烯醇用量为单体的 2.5%。

六、思考题

(1) 试考虑苯乙烯珠状聚合过程中，随转化率的增长，其反应速率和分子量的变化规律。

(2) 为什么聚乙烯醇能够起稳定剂的作用? 聚乙烯醇的质量和用量在悬浮聚合中，对颗粒度影响如何?

(3) 根据实验的实践，你认为在珠状聚合的操作中，应该特别注意什么，为什么？

(4) 试对比本体聚合、悬浮聚合、溶液聚合和乳液聚合的特点。

实验四　聚乙烯醇缩甲醛的制备

一、实验目的

掌握聚乙烯醇缩甲醛化学反应的原理。

二、实验原理

聚乙烯醇缩甲醛是利用聚乙烯醇与甲醛在盐酸催化作用下而制得的，其反应如下：

$$\sim\sim\sim CH_2-CH-CH_2-CH\sim\sim\sim + HCHO \xrightarrow{HCl} \sim\sim CH_2-CH-CH_2-CH\sim\sim\sim + H_2O$$

$$\underset{\text{（聚乙烯醇）}}{\overset{\displaystyle |}{OH}\quad\overset{\displaystyle |}{OH}} \qquad\qquad \underset{\text{（聚乙烯醇缩甲醛）}}{\overset{\displaystyle |}{O}-CH_2-\overset{\displaystyle |}{O}}$$

聚乙烯醇是水溶性的高聚物，如果用甲醛将它进行部分缩醛化，随着缩醛度的增加，水溶液性变差，维尼纶纤维用的聚乙烯醇缩甲醛的缩醛度控制在 35% 左右，它不溶于水，是性能优良的合成纤维。

本实验是合成水溶性的聚乙烯醇缩甲醛，反应过程中需要控制较低的缩醛度以保持产物的水溶性，若反应过于猛烈，则会造成局部缩醛度过高，导致不溶于水的物质存在，影响胶水质量。因此在反应过程中，特别注意要严格控制催化剂用量、反应温度、反应时间及反应物比例等因素。

聚乙烯醇缩甲醛随缩醛化程度的不同，性质和用途各有所不同，它能溶于甲酸、乙酸、1,4-二氧杂环己烷、氯化烃（二氯乙烷、氯仿、二氯甲烷）、乙醇-甲苯混合物（30∶70）、乙醇-甲苯混合物（40∶60）以及 60% 的含水乙醇中。缩醛度为 75%～85% 的聚乙烯醇缩甲醛重要的用途是制造绝缘漆和黏合剂。

三、实验仪器及试剂

四口烧瓶，搅拌器，温度计，恒温水浴。

聚乙烯醇，甲醛（40%），盐酸，氢氧化钠。

四、实验步骤

在 250mL 四口烧瓶中，加入 90mL 去离子水（或蒸馏水）、7g 聚乙烯醇，在搅拌下升温溶解。等聚乙烯醇完全溶解后，于 90℃ 左右加入 4.6mL 甲醛（37% 工业纯），搅拌 15min，再加入 1∶4 盐酸，使溶液 pH 值为 1～3。保持反应温度 90℃ 左右，继续搅拌，反应体系逐渐变稠，当体系中出现气泡或有絮状物产生时，立即迅速加入 1.5mL 8% 的 NaOH 溶液，同时加入 34mL 去离子水（或蒸馏水）。调节体系的 pH 值为 8～9。然后冷却降温出料，获得无色透明黏稠的液体，即市场出售的胶水。

改变反应过程体系的 pH 值（1～3）、盐酸溶液的浓度（5%～15%）和聚乙烯醇的用量（5～10g）等条件进行设计性实验，观察反应过程体系是否产生絮状物，如有絮状物请记录所需时间，测试胶水的黏结性，对所得结果进行分析。

五、思考题

(1) 试讨论缩醛化反应机理及催化剂的作用。

（2）为什么缩醛度增加，水溶性下降，当达到一定的缩醛度以后，产物完全不溶于水？

（3）为什么最终要把产物 pH 值调到 8～9？试讨论缩醛对酸和碱的稳定性。

实验五　三聚氰胺-甲醛树脂的合成

一、实验目的

（1）掌握制备三聚氰胺-甲醛树脂的聚合反应原理。

（2）掌握合成三聚氰胺-甲醛树脂的方法及层压板的加工工艺。

二、实验原理

　　三聚氰胺-甲醛树脂是三聚氰胺和甲醛（一般用甲醛水溶液）缩合得到的热固性树脂，是氨基树脂中的一个重要品种。它主要用于涂料及黏合剂，用于黏结木材（如胶合板）和层压塑料，三聚氰胺-甲醛树脂吸水性低、耐热性高，在潮湿情况下，仍有良好的电气性能，常用于制造一些质量要求较高的日用品和电气绝缘零件。

　　三聚氰胺-甲醛树脂的缩合反应及其结构非常复杂，它受到配料比、反应液的 pH 值以及反应温度等各种因素的影响。根据要求可控制缩聚反应进行的程度，在碱性介质中，先生成可溶性的"预缩合物"，这些缩合物以三聚氰胺的三羟甲基化合物存在，在 pH 值为 8～9 时特别稳定。进一步缩合（N-羟甲基和 NH 基的失水）成为微溶并最后变成不溶的交联产物。

　　在实际生产中，首先生成可溶的预聚物，然后在产品成型中使预聚物缩聚形成体型交联产物。

三、实验仪器和试剂

四口烧瓶，电动搅拌器，温度计，恒温水浴，油压机。

三聚氰胺，乌洛托品（六次甲基四胺），甲醛水溶液，三乙醇胺。

四、实验步骤

1. 合成树脂

取 101.4g 甲醛水溶液（37%），0.25g 乌洛托品（用于调节 pH 值）于 250mL 四口烧瓶中，搅拌，溶解，加入 63g 三聚氰胺，搅拌 5min 后加热到 80℃，在 75～80℃（最好在 75℃，一定要低于 80℃）反应约 1h 后，测定沉淀比，沉淀比为 2/2 时，加入 0.3g 三乙醇胺，搅拌均匀，呈无色透明状液体，停止加热（20～30min 可测沉淀比，水不能进入四口烧瓶，否则变浊，反应失败）。

沉淀比的测定：精确取 2mL 样品，冷至 20℃，在搅拌下滴加 2mL 的去离子水，当样品变微浑浊时，即达沉淀比 2/2。

2. 浸渍干燥

将所得溶液倒入培养皿中，用滤纸浸渍 1min，并保证浸匀、浸透树脂，用镊子取出滤纸，使过剩树脂滴掉后，用夹子将其固定在拉直绳子上干燥至既不沾手也不脆折。约需浸渍 15 张滤纸。

3. 层压

将浸好干燥的纸张叠整齐，置于预涂硅油的铝合金板上，在油压机上加热加压（135℃，4~10MPa）15min，打开油压机，趁热取出样品，可制得透明层压塑料板。

改变三聚氰胺/甲醛的质量比、三乙醇胺用量（0.2~0.5g）和反应温度（70~85℃）等条件进行设计性实验，测定沉淀比和树脂的黏结性，对所得结果进行分析。

五、思考题

本实验应该注意哪些问题？

实验六　脲醛树脂的制备

一、实验目的

（1）加深理解缩合的反应机理，掌握脲醛树脂的合成方法及原理。
（2）熟悉脲醛树脂的制备过程及反应中的注意事项。

二、实验原理

脲醛树脂是由尿素和甲醛经缩合反应制得的热固性树脂。

1. 加成反应

加成反应生成多种羟甲基脲的混合物。

一羟甲基脲　　　　二羟甲基脲

2. 缩合反应

也可以在羟甲基与羟甲基间脱水缩合：

此外，还有甲醛与亚氨基间的缩合均可生成低分子量的线型和低交联度的脲醛树脂树脂：

脲醛树脂的结构尚未完全确定，可认为其分子主链上还有以下结构：

$$\begin{array}{c}
HN-CH_2-N-CH_2-N-CH_2-N-\\
|\qquad\quad|\qquad\quad|\qquad\quad|\\
CO\qquad CO\qquad CO\qquad CO\\
|\qquad\quad|\qquad\quad|\qquad\quad|\\
NH\qquad NH_2\qquad NH_2\qquad NHCH_2OH\\
|\\
CH_2OH
\end{array}$$

上述中间产物中含有易溶于水的羟甲基，可做胶黏剂使用，当进一步加热，或者在固化剂作用下，羟甲基与氨基进一步缩合交联成复杂的网状体型结构。

$$\begin{array}{c}
-CH_2-N-CH_2-\\
|\\
CO\\
|\\
-N-CH_2-N-CH_2-N-CH_2-O-N-\\
|\qquad\qquad|\qquad\qquad|\\
CO\qquad\qquad CO\qquad\qquad CO\\
|\qquad\qquad|\qquad\qquad|\\
-N-CH_2-N-CH_2-N-CH_2OH
\end{array}$$

三、实验仪器和试剂

电动搅拌器、水浴、四口烧瓶（250mL）、球形冷凝器、温度计。
甲醛、尿素、10%氢氧化钠水溶液、氨水、10%甲酸水溶液。

四、实验步骤

（1）在250mL四口烧瓶上分别安装搅拌器、温度计、球形冷凝器。

（2）用100mL量筒量取甲醛水溶液60mL，加入四口烧瓶中，开动搅拌器同时用水浴缓慢加热，然后用10%NaOH水溶液调节甲醛水溶液，使甲醛水溶液的pH值介于8.0～8.5之间。

（3）分别称取尿素3份，质量分别是11.2g、5.6g、5.6g，先将11.2g尿素加入四口烧瓶中，搅拌至溶解，温度升高到60℃时，开始计时，不断调整反应体系的pH值，使之保持8.5左右，保温反应2～3h。

（4）升温至80℃加入5.6g尿素，用10%甲酸水溶液小心调节反应体系的pH值，使之介于5.4～6.0之间，继续反应1～1.5h，在此过程中不断地用胶头滴管吸取少量脲醛胶液滴入冷水中，观察胶液在冷水中是否出现雾化现象。

（5）出现雾化现象后，加入剩余的5.6g尿素，用氨水调节反应体系的pH值，使之介于7.0～7.5之间，在80℃下继续反应直至在温水中出现雾化现象，即在此过程中不断用胶头滴管吸取少量脲醛胶液滴入约40℃的温水中，观察胶液在温水中是否还会出现雾化现象。

（6）温水中出现雾化现象后，立即降温到40℃左右，终止反应，并用氨水调节脲醛胶的pH＝7，再用10%NaOH溶液调节pH值至7.0～8.0之间，正常情况下得到澄清透明的脲醛胶。

改变反应过程中pH值、尿素和甲醛用量等条件进行一系列设计性实验，比较不同条件下体系的状态及胶水的黏结性，对实验结果进行分析。在第（4）步中，在4.5～6.5之间调节体系的pH值进行设计性实验；甲醛用量的变化范围为55～65mL。

五、注意事项

（1）用甲酸溶液调节反应体系pH值时要十分小心，切忌酸度过大。因为缩合反应速率在 pH＝3～5 之间几乎正比于（H^+）。

（2）缩聚反应中应防止温度骤然变化，否则易造成胶液浑浊。

（3）在此期间如发现黏度骤增，出现冻胶，应立即采取措施补救。出现这种情况的原因有：酸度太强（pH＜4.0）；升温太快；或温度超过100℃。补救的方法有：加入适量的氢氧化钠水溶液，把 pH 值调到7.0；使反应液降温；加入适量的甲醛溶液稀释树脂，从内部反应降温；酌情确定出料或继续加热反应。

（4）检查是否生成脲醛树脂的常用方式。

① 用棒蘸点树脂，最后两滴迟迟不落，末尾略带丝状，并回缩到棒上，则表示已经成胶。

② 用吸管吸取少量树脂，滴入盛有清水的小烧杯中，如逐渐扩散成云雾状，并徐徐下沉，至底部并不生成沉淀，且水不浑浊则表示已经成胶。

③ 用手指蘸取少量树脂，两指不断相挨相离，在室温时，约1min内觉得有一些黏度，则表示已成胶。

六、思考题

（1）在脲醛树脂合成时，加尿素前为何要用 NaOH 水溶液和氨水调 pH 值至7.0～7.5？到终点后，为何要用 NaOH 水溶液调 pH 值至7.0～8.0？

（2）在脲醛树脂合成时，影响产品的主要因素有哪些？

（3）在脲醛树脂合成中，尿素和甲醛两种原料哪种对 pH 值影响大？为什么？

（4）如果脲醛胶在四口烧瓶内发生了固化，试分析可能是哪些原因造成的？

实验七　聚醚型聚氨酯泡沫塑料的制备

一、实验目的

（1）了解制备泡沫塑料的常用方法及助剂。

（2）掌握制备聚氨酯的化学反应及常用原料。

（3）熟悉聚氨酯发泡的机理。

二、实验原理

泡沫塑料在日常生活、工农业生产及军事上都有广泛的用途。聚氨酯的耐低温特性也使得聚氨酯泡沫塑料具有特殊的用途，如输送液化天然气的油船和管道的绝热材料，其使用温度要求是－160℃，采用的就是聚氨酯泡沫塑料；美国阿波罗计划中二级火箭液态氢贮槽所用的保温材料是玻璃纤维增强的超低温聚氨酯泡沫塑料，要求使用温度是－217℃。

泡沫塑料是聚氨酯合成材料的主要品种，它是由多元异氰酸酯和端羟基聚醚或聚酯反应并加入其他一些助剂制得的。调节这些组分的种类、官能度及数量就可以制得软质、硬质及半硬质泡沫塑料。泡沫塑料的孔结构由发泡过程获得，这个过程在制备泡沫塑料的工艺上是非常关键的。方法是调节发泡速率和聚合速率相协调，发泡时就发生聚合反应，体系黏度迅速增加并固化，这样产生的气泡就被控制在聚合体内，从而获得泡沫塑料。

发泡机理是由异氰酸酯和水反应产生 CO_2，或者加入低沸点溶剂利用聚合热发泡，或者这两种情况兼而有之。

异氰酸酯与水反应先生成氨基甲酸再放出 CO_2。

$$RNCO + H_2O \longrightarrow RNHCOOH \longrightarrow RNH_2 + CO_2 \uparrow$$

制备泡沫塑料的配方中有这样一些成分：端羟基聚醚、甲苯二异氰酸酯、催化剂、泡沫稳定剂、防老剂、低沸点溶剂，它们的作用如下。

端羟基聚醚：与二异氰酸酯反应生成聚氨酯，构成泡沫塑料的主体。

甲苯二异氰酸酯：①与聚醚反应生成聚氨酯；②与水作用生成 CO_2，并生成脲（RNH-CONHR）的中间体；③与水解生成的脲反应，使聚合物发生交联。

催化剂：加速异氰酸酯、聚醚、水之间的反应。使用适量的催化剂可使 CO_2 产生的速率与泡沫体的凝固速率维持平衡。使气体有效地保留在聚合体内，常用的催化剂为二月桂酸二丁基锡、三乙烯二胺及其他叔胺类化合物。

泡沫稳定剂：是非离子型表面活性剂，能降低系统的表面张力，有利于气泡的形成，防止泡沫崩塌；可作为水、聚醚、甲苯二异氰酸酯的乳化剂，使其成为均相的混合物，保证整个泡沫生成反应均匀进行。用量一般不超过原料总质量的 2%。

防老剂：提高泡沫塑料的抗氧化性。

低沸点溶剂：现在常用的是二氯甲烷，可以调节泡沫稳定剂等组分的黏度，同时又有辅助发泡的作用。

三、实验仪器和试剂

烧杯，玻璃棒，自制纸盒。

端羟基聚四氢呋喃（PTMG，羟值 70），十二烷基磺酸钠，甲苯二异氰酸酯（TDI），硅油，聚乙二醇辛基苯基醚（OP-10），三乙烯二胺（DABCO），四氢呋喃（THF）。

四、实验步骤

在 25mL 小烧杯内配制助剂混合物。先后称入 0.5g OP-10、0.2g 硅油、0.2g 十二烷基磺酸钠，用移液管加入 0.5mL THF 和 1.5mL 水，搅拌均匀。十二烷基磺酸钠体积大，且水量小不容易搅拌，一定要多用些时间搅拌，然后加入 0.2g DABCO，搅匀备用。

在一个 250mL 烧杯内称入 45g PTMG，加热熔化降至室温，加入 18g TDI，在 0.5min 内搅拌均匀。在刚配好的助剂混合物内再加入 0.5mL THF，搅拌均匀后立即倒入大烧杯内，迅速搅拌均匀，立刻倒入自制的纸盒内进行发泡。发泡反应速率很高，在 1min 内即可完成，观察黏度变化，不要用手摸，用一个小玻璃棒试。5min 后基本不黏，10min 后就完全不黏，20min 后就基本固化，泡沫塑料体积约 600mL。

变化稳定剂十二烷基磺酸钠（0.1~0.4g）、水（1.0~2.0mL）、DABCO（0.15~2.5g）、PTMG（40~50g）和 TDI（15~25g）的用量等条件进行设计实验。探讨上述条件对发泡效果的影响，并对结果进行分析。

五、注意事项

(1) 这几种试剂的用量都很少，一定要称量准确。

(2) 冬天室温较低，将 PTMG 降至室温可能会发生凝固，所以要在未凝固前加入 TDI，温度一定不要高，否则反应速率太快，无法控制。

(3) 第一次加入的 THF 在搅拌过程中会有损失，助剂混合物变黏，如果助剂混合物不黏，能比较容易地从小烧杯倒出来，就不要补加 THF。补加 THF 和二氯甲烷都可以，主要是为了调节助剂混合物的黏度。加入量不要大，否则影响聚合物黏度，控制不住气泡，加入 THF 的速度要快，因为 PTMG 与 TDI 要发生反应。

（4）反应混合物倒入纸盒前的操作要快，助剂混合物倒入大烧杯后就要迅速搅拌。这时小烧杯上可能还粘有少量助剂混合物，可不去管它，不要为此耽误时间。在搅拌过程中就可能发生聚合，发现有聚合现象后，立即把混合物倒入纸盒，如果操作的好，可以在没有出现聚合或刚刚出现聚合时，就把混合物倒入纸盒内。纸盒是用一张比较硬的纸自制的，体积约为 800～1000mL。

（5）在没有完全固化前，反应物中还有游离的 TDI，所以不要用手去试黏度。

六、思考题

（1）考查配方中各反应物的量的关系。

（2）如果改做硬质泡沫塑料，如何设计配方？

实验八　高抗冲聚苯乙烯的制备

一、实验目的

（1）掌握高抗冲聚苯乙烯的结构与性能。

（2）掌握本体悬浮法制备高抗冲聚苯乙烯的原理和实验步骤。

（3）了解高抗冲聚苯乙烯的用途。

二、实验原理

聚苯乙烯具有许多优异的性能，但因其脆性较大，限制了使用。在刚性的聚苯乙烯链上接枝柔性的橡胶链，由于聚苯乙烯和橡胶相容性较差，两者无法完全均匀混合而形成微相分离结构，其中橡胶相为分散相，如同孤岛一样被聚苯乙烯的连续相所包围。采用适当的合成条件，可使橡胶相均匀地分散在聚苯乙烯基质中，并控制好橡胶相的颗粒大小。这种分散的橡胶相起到了应力集中体的作用，当材料受冲击时，橡胶粒子吸收能量，并阻碍裂纹进一步扩张，从而避免了脆性聚苯乙烯的破坏，故称之为高抗冲聚苯乙烯（high impact polystyrene，HIPS）。

高抗冲聚苯乙烯是采用接枝聚合的方法制备的。橡胶溶解在苯乙烯单体中，形成均相溶液。在聚合反应发生以后，苯乙烯进行均聚，与此同时在橡胶链双键的 α 位置上还进行接枝聚合反应。当单体的转化率达到 1％～2％时，聚苯乙烯从橡胶溶液中析出，同时可以观察到体系逐渐变浑浊。此时，聚苯乙烯量少，是分散相。随着聚合的进行，苯乙烯转化率不断增加，体系越来越浑浊，体系的黏度也越来越大，导致"爬杆"现象出现。当聚苯乙烯相的体积分数接近橡胶相的体积分数时，给予剧烈搅拌使剪切力大于临界值，则发生相反转，即原来为分散相的聚苯乙烯转变成连续相，而原来为连续相的橡胶相转变成分散相。由于聚苯乙烯的苯乙烯溶液浓度小于相应的橡胶的苯乙烯溶液浓度，因而在相转变的同时，体系黏度下降，"爬杆"现象消失。相转变开始，橡胶相颗粒大且不规整，存在聚集的倾向。在适当剪切力作用下，随着聚合反应的继续进行，体系黏度增加，橡胶颗粒逐渐变小，形态也愈趋完善。

此时，苯乙烯的转化率约达到 20％～25％，聚合反应为本体聚合。为了散热方便，需将反应转变成悬浮聚合，直至苯乙烯全部聚合为止。

本实验采用两步法制备高抗冲聚苯乙烯，需时较长。

三、实验仪器和试剂

机械搅拌器，250mL 三口烧瓶，回流冷凝管，通氮装置。

苯乙烯，顺丁橡胶，过氧化二苯甲酰（BPO），聚乙烯醇（PVA），叔丁硫醇。

四、实验步骤

1. 本体聚合

取 8g 剪碎的顺丁橡胶和 85g 苯乙烯，加入到装有机械搅拌器和回流冷凝管的 250mL 三口烧瓶中，开动搅拌使橡胶充分溶胀。调节水浴温度至 70℃，通氮气，继续缓慢搅拌使橡胶完全溶解。升温至 75℃，调节搅拌速率为 120r/min，加入 90mg BPO（溶于 2.5mL 苯乙烯）和 50mg 叔丁硫醇。半小时后，体系由透明变得浑浊，继续聚合，体系黏度逐渐增加，并出现"爬杆"现象。待该现象消失时，发生相转变。继续聚合至体系为白色细糊状。

2. 悬浮聚合

向装有机械搅拌器、冷凝管和通氮管的 500mL 三口烧瓶中加入 250mL 蒸馏水、4g PVA 和 1.6g 硬脂酸，通氮，升温至 85℃继续通氮 10min。向上述预聚混合液中加入 0.3g BPO（溶于 4.5g 苯乙烯中），均匀混合后在搅拌条件下加入到三口烧瓶中，调节搅拌速率使预聚液分散成珠状。聚合 4～5h，粒子开始沉降，再升温熟化：95℃保持 1h，100℃保持 2h。停止反应，冷却，产物用 60～70℃水洗涤 3 次，冷水洗涤两次，滤干。

变化本体聚合过程中顺丁橡胶（5～10g）和苯乙烯（75～90g）的用量以及悬浮聚合过程中稳定剂 PVA（3～5g）和引发剂 BPO（0.2～0.4g）的用量进行对比实验，测试不同条件下产物的力学性能并对结果进行分析。

五、注意事项

（1）应正确判断相反转是否发生，一定要在相反转完成一段时间后终止反应。

（2）在相反转前后一段时间内，要特别控制好搅拌速率。

六、思考题

(1) 为什么在本体聚合阶段结束反应体系呈白色？

(2) 如何将接枝共聚物从聚苯乙烯均聚物中分离出来？

(3) 为什么高抗冲聚苯乙烯具有良好的抗冲击性能？

实验九 淀粉接枝聚丙烯腈的制备及其水解

一、实验目的

(1) 掌握进行接枝聚合反应采用的方法及步骤。

(2) 掌握淀粉接枝聚丙烯腈水解反应的原理。

(3) 了解淀粉接枝聚丙烯腈水解反应的用途。

二、实验原理

淀粉与丙烯腈或丙烯酸的接枝共聚产物能够吸收自身重量数百倍至数千倍的水分，是一种高吸水性树脂，广泛应用于沙漠治理、石油钻井和医疗卫生等领域。

淀粉接枝共聚主要是采用自由基引发接枝共聚合的合成方法，引发方式有以下几种。①铈离子引发体系：Ce^{4+}盐（硝酸铈铵）溶于稀硝酸中，与淀粉形成络合物，并与葡萄糖单元的羟基反应生成自由基，自身还原成Ce^{3+}。②Fenton's试剂引发：由Fe^{2+}和H_2O_2组成的溶液，两者之间发生氧化还原反应生成羟基自由基，进一步与淀粉中葡萄糖单元的羟基反应生成大分子自由基。③辐射法：紫外线和γ射线可使淀粉中葡萄糖单元的羟基脱氢生成大分子自由基。使用Ce^{4+}盐作为引发剂，单体的接枝效率较高。

淀粉接枝聚丙烯腈本身没有高吸水性，将聚丙烯腈接枝链的氰基转变成亲水性更好的酰胺基和羧基后，淀粉接枝共聚物的吸水性会显著提高，世界上首例高吸水性树脂就是这样合成的。使用丙烯酸代替丙烯腈进行接枝聚合，直接得到含大量羧基的淀粉接枝共聚物，可以免去水解步骤，现已有专利技术。高吸水性树脂的吸水率可高达几千倍，但是由于在制备过程中残留盐分难以除净，吸水率会有不同程度的降低。此外吸水性树脂的吸水率也与水分的含盐量有关，盐度越高吸水率越低。

本实验采用铈离子引发体系引发丙烯腈进行接枝共聚，生成淀粉接枝聚丙烯腈，然后使氰基水解，从而形成高吸水性树脂。

三、实验仪器和试剂

机械搅拌器，250mL三口烧瓶，脂肪抽提器，中速离心机，红外灯，研钵。

淀粉，硝酸高铈铵，丙烯腈，二甲基甲酰胺，8%NaOH溶液，pH试纸，乙醇。

四、实验步骤

淀粉的熟化：在装有机械搅拌器、回流冷凝管和氮气导管的250mL三口烧瓶中，加入5g淀粉和80mL蒸馏水。通氮气5min后，开始加热升温，同时开动搅拌器，在90℃下继续搅拌1h使淀粉熟化，熟化的淀粉溶液呈透明黏糊状。

淀粉的接枝：将上述熟化淀粉溶液冷却至室温，加入2.1mL0.1mol/L硝酸高铈铵溶液，在通氮气情况下搅拌10min，然后加入9.4mL（7.5g）新蒸的丙烯腈，升温至35℃反应3h，得到乳白色悬浊液。将悬浊液倒入盛有800mL蒸馏水的烧杯中，静止数小时，倾去上层乳液，过滤，蒸馏水洗涤沉淀物至滤液呈中性，真空干燥，称重。

将上述沉淀物置于脂肪抽提器中，用100mL二甲基甲酰胺（DMF）抽提5～7h，除去均聚物。取出DMF不溶物，用水洗涤以除去残留的DMF，于70℃真空下干燥，称重，计算接枝率和单体的接枝效率。

淀粉接枝聚丙烯腈的水解：在装有机械搅拌器和回流冷凝管的250mL三口烧瓶中，加入经干燥的4.2g淀粉接枝聚丙烯腈和166mL8%（质量分数）NaOH溶液。开动搅拌并升温至95℃，反应约5min后，溶液呈橘红色，表明生成了亚胺。反应20min后，溶液黏度增加，颜色逐渐变浅，红色消失。用pH试纸检测回流冷凝管上方的气体，显示有氨气放出。反应2h，溶液为淡黄色透明胶体。将产物置于冰盐浴中，在不断搅拌的条件下缓慢滴加浓盐酸至pH值为3～4。用中速离心机分出上层清液，沉淀物用乙醇/水（体积比1∶1）混合溶剂洗涤至中性，最后用无水乙醇洗涤。真空干燥至恒重，得到吸水性树脂。

吸水率的测定：取2g吸水性树脂置于500mL烧杯，加入400mL蒸馏水，于室温放置24h。倾去可流动的水分，并计量其体积，可估算吸水性树脂的吸水率。

变化淀粉接枝反应过程中硝酸高铈铵溶液的用量（1.5～2.5mL）和丙烯腈的用量（8.5～10mL）及水解过程中改性淀粉（3.5～5.0g）和NaOH（150～180mL）的用量进行

一系列实验，测定产物的吸水率并对数据进行分析。

五、注意事项

(1) 0.1mol/L 硝酸高铈铵溶液的配制：13.9g 硝酸高铈铵溶于 250mL 1mol/L HNO₃ 溶液中。

(2) 过滤较为困难，可采用静置和倾去上层清液的方法，但是产物损失较大。

(3) 丙烯腈及其均聚物皆溶于 DMF 中，在某些情况下，可用 DMF 浸泡、洗涤 2～3 次，无需进行抽提。

六、思考题

(1) 铈盐引发的接枝聚合反应有何特点？

(2) 淀粉接枝聚丙烯腈的水解产物为什么具有高吸水性？

(3) 如何准确测定吸水性树脂的吸水率？

实验十　溶剂链转移常数的测定

一、实验目的

(1) 熟悉自由基聚合中链转移反应对聚合的影响

(2) 掌握溶液聚合中测定链转移常数的原理及方法。

二、实验原理

在自由基聚合反应中，除了链引发、增长、终止 3 步基元反应外，往往伴有链转移反应，即活性中心可向单体、引发剂、溶剂和大分子转移。

$$M+YS \rightarrow MY+S\cdot$$

分子 YS 常含有容易被夺取的原子 Y，如氢、氯等。转移的结果是原来的自由基终止，形成另一个新自由基也可继续引发单体聚合，但它的引发效率随新自由基的活性而异。如新自由基与原自由基活性差不多，则引发单体后继续增长，又因转移后活性中心数目不变，所以对聚合速率不影响，仅使聚合度下降。在溶液聚合中，常有链转移反应存在，对聚合度有影响。在此场合，可用式(1-1)计算聚合度：

$$\frac{1}{X_n} = \left(\frac{1}{X_n}\right)_0 + C_S \frac{[S]}{[M]} \tag{1-1}$$

式中，C_S 为溶剂的链转移常数；$[S]$、$[M]$ 分别是溶剂与单体的浓度。C_S 值的大小代表溶剂链转移活性的大小，与温度、单体和溶剂分子的结构有关。

本实验以甲基丙烯酸甲酯（MMA）为单体，使用质量分数为 80％的甲醇水混合液为溶剂。用 6 个不同的溶剂与单体比（$[S]/[M]$）进行溶液聚合，通过黏度法测定 6 个相应产物的平均分子量，算出平均聚合度。根据式(1-1)以 $1/X_n$ 对 $[S]/[M]$ 作图得一条直线，其斜率便为溶剂甲醇的转移常数 C_S。

三、实验仪器和试剂

恒温装置 1 套，乌氏黏度计（$r=0.6$mm）。

新鲜蒸馏的甲基丙烯酸甲酯，减压蒸馏时收集 200mmHg 下沸点为 61℃的馏分，质量分数为 80% 的甲醇水溶液，偶氮二异丁腈（AIBN，重结晶），丙酮和苯。

四、实验步骤

1. MMA 的溶液聚合

本实验设计变化溶剂用量进行 6 个平行实验，配方见表 1-8。

表 1-8　溶液聚合制备 PMMA 的配方

编号	MMA 浓度/%	MMA 用量/g	混合溶剂/g	AIBN/g
1	29.0	20.0	49.00	0.170
2	29.5	20.0	47.80	0.170
3	30.0	20.0	46.67	0.170
4	30.5	20.0	45.60	0.170
5	31.0	20.0	44.50	0.170
6	31.5	20.0	43.50	0.170

按表 1-8 中指定的实验编号加料。加料完毕后开动搅拌并加热，温度以瓶内温度计示数为准。当溶液中所产生的白色凝块不再增加及上层溶液澄清后，继续反应 0.5h（整个过程大约需 4~5h）。随后停止反应，移去热源，冷却后倾去上层溶剂并加入 100mL 丙酮。在搅拌下加热至 40℃ 使聚合物溶解，随后将瓶内溶液在快速搅拌下慢慢倒入盛有 1000mL 蒸馏水的烧杯中。最后将产物过滤并用水洗数次，放入真空烘箱中在 50℃ 下干燥约 8h，直至恒重，即得聚合物。称重计算产率，待测分子量。

2. 测定 PMMA 溶液黏度前的准备工作

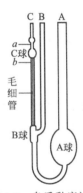

图 1-9　乌氏黏度计

（1）使用乌氏黏度计（图 1-9）测定 PMMA 溶液的黏度　测定过程中，体系的温度通过透明的超级恒温水浴控制，温度设定为 (25 ± 0.05)℃。

（2）聚合物溶液的配制　准确称取 PMMA 约 0.25g，倒入 25mL 容量瓶中，加入约 15mL 纯苯（溶剂）放在约 70℃ 水浴中，稍稍摇动，待全部溶解后，在恒温 $[(25 \pm 0.05)℃]$ 下稀释至刻度（溶剂要预先恒温），然后摇匀，待测。

3. 溶剂流出时间 t_0 的测定

在乌氏黏度计的 B、C 两管上小心接上两根乳胶管，用 2 号砂芯漏斗把溶剂苯（约 15mL）过滤入黏度计 A 球中，然后将黏度计置入恒温槽，垂直夹好，让水浴液面浸没 C 球，于 (25 ± 0.05)℃ 恒温 15min 后开始测定。

用手按住 C 管，用针筒或吸球从 B 管吸溶剂于 C 球一半处，再按住 B 管，停止抽吸。同时放开 B、C 两管，用秒表记录溶剂流经黏度计 a 和 b 处所需的时间 t_0。重复 3 次，误差不得超过 0.2s，取其平均值便为溶剂的流出时间 t_0。

倾出溶剂，分别用少量丙酮和乙醚洗净，吹干（烘干）。

4. 聚合物溶液流出时间 t 的测定

将配制的聚合物溶液代替上述所用纯溶剂进行实验，测得聚合物溶液的流出时间 t。

五、实验结果及数据处理

（1）计算聚合物的产率。

（2）计算对应不同 $[s]/[M]$ 值的产物平均聚合度 X_n。

首先根据所得流出时间计算得到相对黏度 η_r（$\eta_r=t/t_0$）和增比黏度 η_{sp}（$\eta_{sp}=\eta_r-1$），然后根据式(1-2)得到特性黏度 $[\eta]$，式中 c 为聚合物溶液的浓度（g/mL）。

$$[\eta]=\frac{\sqrt{2(\eta_{sp}-\ln\eta_r)}}{c} \tag{1-2}$$

再根据式(1-3) 所列 Mark-Houwink 方程求出 PMMA 的平均分子量 M，从而求出平均聚合度 X_n。

$$[\eta]=KM^{\alpha} \tag{1-3}$$

式中，在 25℃ 下以苯为溶剂时，$K=4.68\times10^{-3}$，$\alpha=0.17$。

（3）最后通过式(1-1)，以 $1/X_n$ 对 $[S]/[M]$ 作图，由直线斜率求得甲醇溶剂的链转移常数 C_S。

六、注意事项

（1）手持黏度计时，小心用拇指、食指和中指夹住 A 管上端，切勿用力紧握支管，以免支管从接头处断裂。

（2）夹持黏度计时，夹头只能夹 A 管。

七、思考题

（1）本实验要控制好哪些条件？这些条件对测定链转移常数的影响如何？

（2）C_S 值的大小与什么因素有关？关系如何？

实验十一　反相乳液聚合法制备高吸水性树脂

一、实验目的

（1）熟悉反相乳液聚合方法的基本原理。

（2）掌握树脂吸水的基本原理和用途。

（3）掌握低交联度聚丙烯酸钠吸水树脂的制备和表征方法。

二、实验原理

将丙烯酸钠和少量二烯烃单体在引发剂存在下进行聚合反应，可制得低交联度的聚丙烯酸钠。丙烯酸盐的聚合速率很快，在水溶液中进行聚合时，体系黏度相当高，如果温度控制不当，则易引起爆聚而形成在水中极难溶胀的高交联度聚合物。采用较高浓度的水溶液与水溶性引发剂一起分散于有机溶剂中，控制所形成的逆相悬浮液的聚合反应（即聚合从浓的单体水溶液开始的），可得到自身交联的水溶胀性高聚物。水溶胀性高聚物是一类含有强亲水性基团的聚合物，它可作为高吸水性材料。传统的吸水材料，如棉花、泡沫塑料、纸张等，只能吸收自重 10～20 倍水；而合成的高吸水性材料，其吸水量可达数百倍至上千倍，是一种新型功能高分子材料，已在卫生制品、农业、园林、工业、土木建筑、保鲜、医药、日用化工、电子工业等方面获得了较广泛的应用。

吸水后聚合物的重量除以干粉（聚合物）的重量，为聚合物的吸水能力，通常产物的吸水率可用下式计算：

$$产物吸水率 = \frac{吸水聚合物和水的总量}{聚合物的质量} \times 100\%$$

交联剂的性质和用量，丙烯酸的中和程度以及溶胀时间等因素，对产物的吸水率都有较大的影响。

三、实验仪器和试剂

250mL 三口烧瓶，水浴，烧杯（3 只），红外干燥箱，筛子（20～60 目），尼龙纱布。

丙烯酸，18%（质量分数）NaOH 溶液，Span-60，N,N-甲基双丙烯酰胺，$K_2S_2O_8$，正己烷，OP-10。

四、实验步骤

（1）在装有搅拌器、温度计和回流冷凝管的 250mL 三口烧瓶中加 10mL 丙烯酸，开动搅拌器，慢慢滴入 20mL 浓度为 18% 的 NaOH 溶液，然后，依次加入 0.6g Span-60、0.006g N，N-甲基双丙烯酰胺、0.018g 引发剂 $K_2S_2O_8$ 和 45mL 正己烷。

（2）加热升温至 62～64℃并维持回流 2.5～3.0h，随后降温至 40℃左右并将混合物倒入 250mL 烧杯中，倾出上层正己烷（回收）。

（3）向聚合物中渐加 0.3～0.5m LOP-10，充分搅拌至聚合物成分散的固体，然后置于红外灯下或烘箱中干燥。干燥过程中温度不宜太高，否则会导致产物变黄。

（4）在研钵中将烘干后的聚合物研碎，用 20～60 目的滤网进行筛选。

（5）称取筛选后的样品 0.1g，放在 100mL 小烧杯中，加入 60～70mL 蒸馏水溶胀 0.5～2.0h，溶胀过程中轻轻搅动。随后将烧杯内的混合物倒入已称重的尼龙纱布上过滤，待自然滴滤 15～30min 后，连同滤布一起称重，计算产物的吸水率。

变化 NaOH 溶液（15～25mL）、引发剂（0.015～0.025g）和乳化剂 Span-60（0.4～0.8g）的用量等进行一系列实验，测定乳液固含量、单体转化率和产物吸水率等，分析所得实验结果。

五、思考题

（1）分析 NaOH 在丙烯酸悬浮聚合制备树脂中的作用。

（2）在对聚合物进行分散过程中，OP-10 的作用是什么？

（3）简单介绍吸水树脂的种类及吸水原理。

实验十二 阴离子活性聚合制备 SBS 嵌段共聚物

一、实验目的

（1）掌握阴离子活性聚合的基本原理。

（2）熟悉用阴离子聚合法合成三嵌段共聚物的方法。

（3）掌握热塑性弹性体的结构和性能。

二、实验原理

用丁基锂引发苯乙烯聚合，得到活性聚苯乙烯，由于负碳离子与苯核共轭，所以溶液显红色，再加入丁二烯，红色立即消失，形成丁二烯阴离子，得活性苯乙烯-丁二烯（SB）二嵌段聚合物；然后加入双官能团耦合剂（Y-X-Y，如二卤代烷），形成苯乙烯-丁二烯-苯乙烯（SBS）线型三嵌段共聚物；如加入多官能团耦合剂［如 $SiCl_4$］则得到星型嵌段共聚物。此法适合于工业生产，具有重要的应用价值。

SBS 嵌段共聚物链的结构序列是有规则的，其中聚苯乙烯段（PS 段）玻璃化转变温度在室温以上（硬段），中间段为玻璃化转变温度在室温下的橡胶段（PB，软段）。PS 段聚集在一起称为硬段微区（domain），这些"微区"分散在周围大量的橡胶弹性链段之间，为软段分散相，形成物理交联，阻止聚合物链的冷流，而中间软段则形成连续相，呈现高弹性，所以是两相结构，在通常使用温度下，这种共聚物几乎与普通的硫化橡胶没有区别，但在化学结构上则不同，它们的分子链间无共价键交联。聚苯乙烯硬段微区起了固定弹性链段和增强的作用。当温度升高，超过聚苯乙烯的玻璃化转变温度时，PS 微区破坏，冷却后，又恢复原状，再次形成硬段微区，再次固定 PB 链的末端，于是重新形成弹性网。所以这类 SBS 嵌段共聚物又称为热塑性弹性体。

三、实验仪器和试剂

真空油泵，500mL 盐水瓶，250mL 盐水瓶，橡皮管，止血钳，注射器和长针头，氮气干燥系统。

环己烷，苯乙烯，丁二烯，四氯化硅-环己烷溶液，高纯氮气和丁基锂。

四、实验步骤

（1）环己烷和苯乙烯的纯化和脱氧处理：将苯乙烯先用无水氯化钙干燥数天，再减压蒸馏，储存于棕色瓶内。环己烷用分子筛干燥后进行蒸馏。实验前，将无水环己烷和苯乙烯进行氮气脱气除氧，并在氮气保护下储藏备用。

（2）取 500mL 盐水瓶一只，作为反应瓶，配上单孔橡皮塞和短玻管，并套上一段听诊橡皮管，按图 1-10 所示装置，打开 1～5 处，先抽真空通氮气（最好同时用红外灯加热），反复 3～4 次，以排除反应瓶和系统中的空气，在减压下用止血钳关闭 1 和 4，开 6 加 250mL 环己烷，关闭 6 和 5，开 4 和 7，从计量管加 26mL 苯乙烯，摇匀，充氮使之成正压，关闭 7、4 和 2 处，取下反应瓶，用注射器向反应瓶内先缓慢注入少量 $n\text{-}C_4H_9Li$，不时摇动，以消除体系中残余杂质，直至略微出现微橘黄色为止，接着加入 1.6mg 的 $n\text{-}C_4H_9Li$（聚苯乙烯分子量预计约 15000），此时溶液立即出现红色，在 50℃浴中加热 30min，红色不褪，为活性聚苯乙烯。

（3）另取一只 250mL 盐水瓶，配上单孔橡皮塞和短玻璃管，并套上一段听诊橡皮管，照上述方法抽真空通氮，以除去瓶中空气，然后加入 100mL 环己烷，再通入 36g 丁二烯（纯度 99％），用止血钳夹住，取下反应瓶。用注射器缓慢注入少量 $n\text{-}C_4H_9Li$，以消除残余杂质。

（4）把装有丁二烯的反应瓶用 T 形管与活性聚苯乙烯瓶相接，T 形管另一端接在氮气干燥系统上，如图 1-11。抽真空通氮气，除去管道内空气。再把反应瓶抽成负压，然后把丁二烯溶液倒入活性聚苯乙烯反应瓶内，边加边摇，红色立即消失，丁二烯加完后，用止血钳夹住瓶口，摇匀，放在 50℃浴中加热，约 10～20min 后，溶液发热，变黏稠时，立即取出反应瓶，放在空气中冷却，注意反应很剧烈。待反应高潮过后，放在 50℃水浴中继续加热 2h。然后用注射器注入 $SiCl_4$-环己烷溶液作为耦合剂（$SiCl_4$ 浓度为 0.5mg/mL），分 2 次加入，第 1 次加 2.5mL，用力摇匀在 50℃水浴中加热 30min，第 2 次加 1mL，再加热 30min。

(5) 冷却，称取 0.5g 抗氧剂 264（2，6-叔丁基-4-甲基苯酚）溶于少量环己烷中，加入 500mL 反应瓶内，摇匀。将黏稠物倾倒入盛有 2L 水的 3L 三口烧瓶中，接上蒸馏装置，在搅拌下加热，环己烷及水一并蒸出，待环己烷几乎蒸完，产物呈半固体时，停止蒸馏，趁热取出剪碎，用蒸馏水漂洗一次，吸干水分，放在 50℃ 烘箱内烘干，即为 SBS 三嵌段共聚物，为热塑性弹性体。环己烷和水的蒸馏液，用分液漏斗分出水层，上层环己烷经干燥、蒸馏，可重新使用。计算产量和测凝胶渗透色谱（GPC），观察 GPC 谱峰的形状。产品进行加工成型和测力学性能。

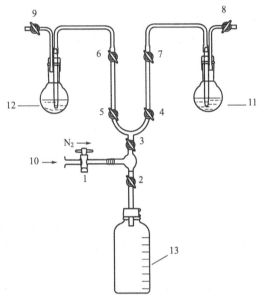

图 1-10 SBS 嵌段共聚物的制备装置

1～9—橡皮管和止血钳；10—真空泵和氮气流干燥系统；
11—苯乙烯；12—环己烷；13—反应瓶

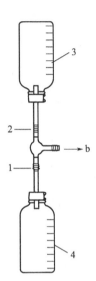

图 1-11 丁二烯烯转移装置

1，2—橡胶管；3—装有丁二烯-环己烷溶液反应瓶；
4—活性聚苯乙烯反应瓶；b—真空泵和氮气流干燥系统

(6) 加工成型：称取 50g 干燥 SBS，在炼胶机上炼约 3～5min，薄通 10 次左右。一般炼胶温度为 70～100℃，使物料轧炼均匀，然后将两辊放宽到所需的厚度出片，再放在模具内在 100℃ 左右进行压模，冷却出模。

五、注意事项

(1) 反应瓶及全部反应系统需绝对干燥，并保持无水无氧。

(2) 用 99.99% 纯氮，如用高氮必须再经过除氧。

(3) 加入丁二烯后，注意反应变化，在 50℃ 水浴中，发现反应有些发热或略变黏时，应立即取出放在室温中冷却。勿使反应过于剧烈，以至冲破橡皮管冲出。反应剧烈时，切勿把反应瓶放在冷水中冷却，以免反应瓶因骤冷碎裂、爆炸。夏天室温较高时，则加丁二烯后，不必放在 50℃ 水浴中，在室温中，时时摇动，待反应高潮过后，再放入 50℃ 水浴中加热。

(4) 在使用丁二烯时，室内禁止明火。

(5) 反应时注意安全，采用防护措施。

实验十三　膨胀计法测定自由基聚合动力学

一、实验目的

（1）熟悉自由基聚合反应动力学原理的推导过程。

（2）掌握自由基聚合动力学实验测定的方法和动力学参数作图以及计算方法。

二、实验原理

烯烃的自由基聚合反应一般是通过引发剂或单体本身受热或光照后生成自由基，以链式反应形式聚合成高聚物的。加入的引发剂是含弱键 —O—O— 或 —C—N=N—C— 的过氧化物及偶氮化物，它们在聚合温度下，容易分解出自由基。

根据自由基加成反应机理，最终推导出链增长速率 R_p 为：

$$R_P = -\frac{d[M]}{dt} = K_P \left(\frac{fK_d}{K_t}\right)^{\frac{1}{2}} [M][I]^{\frac{1}{2}} \tag{1-4}$$

R_P 为总的聚合速率，由式（1-4）我们可以知道，在低转化率时，$[M]$ 可以为不变，则式（1-4）可简写为：

$$R_P \sim [I]^{\frac{1}{2}} \tag{1-5}$$

当转化率很低（<10%）时，可假定 $[I]$ 保持不变，则式（1-4）可写为：

$$R_P = -\frac{d[M]}{dt} = K[M]$$

其中：

$$K = K_P \left(\frac{fK_d}{K_t}\right)^{\frac{1}{2}} [I]^{\frac{1}{2}}, \frac{d[M]}{[M]} = K dt \tag{1-6}$$

两边积分得：

$$\ln\frac{[M_0]}{[M_t]} = Kt \tag{1-7}$$

式中，$[M_0]$、$[M_t]$ 分别为起始单体浓度和反应时间 t 时的单体浓度；K_P 为链增长反应速率常数；K_d 为引发剂分解反应速率常数；K_t 为链终止反应速率常数。由式（1-7）可以看出是一个直线方程，若从实验中测出不同时间 t 的单体浓度 $[M]$ 值，就可算出 $\ln\frac{[M_0]}{[M_t]}$ 的值，并作 $\ln\frac{[M_0]}{[M_t]}$ 对 t 图，可以验证动力学关系式 [式（1-4）]。

由于聚合过程中体积的变化很明显，因此用膨胀计测定是很方便的。根据定义，单体转化率 P 为：

$$P = \frac{\Delta \overline{V}_t}{\Delta \overline{V}_1} \tag{1-8}$$

这里 $\Delta \overline{V}_t$ 表示聚合反应进行到 t 时的体积变化；$\Delta \overline{V}_1$ 表示单体 100% 转化成聚合物时的体积变化。

在时间 t 时已消耗掉的单体量为：

$$P\,[M_t]\,=\frac{\Delta \overline{V}_t}{\Delta \overline{V}_1}\,[M_0]$$

在此时所剩下的单体为：

$$[M_t]=[M_0]-P[M_0]=[M_0](1-P)=[M_0]\left(1-\frac{\Delta \overline{V}_t}{\Delta \overline{V}_1}\right)$$

那么

$$\frac{[M_0]}{[M_t]}=\frac{1}{1-\left(\dfrac{\Delta \overline{V}_t}{\Delta \overline{V}_1}\right)}=\frac{1}{1-P}$$

两边取对数得：

$$\ln \frac{[M_0]}{[M_t]}=\ln \frac{1}{1-\left(\dfrac{\Delta \overline{V}_t}{\Delta \overline{V}_1}\right)}=\ln \frac{1}{1-P}$$

同式(1-7)相比较即可得到：

$$\ln \frac{1}{1-P}=Kt$$

其中：

$$\overline{V}_1=\frac{m_1}{\rho_1},\quad \Delta \overline{V}_1=\frac{m_0}{\rho_0}-\frac{m_1}{\rho_1}$$

m_0、m_1 分别为单体及聚合物的质量，当单体完全转化时，两者是相等的。ρ_0、ρ_1 分别为单体及聚合物的密度，$\Delta \overline{V}_1$ 值对一定量的单体来说，是一个固定值，因此只要用膨胀计测出不同时间的体积变化 $\Delta \overline{V}_t$ 值，即可算出 $\ln \dfrac{[M_0]}{[M_t]}$ 的值，在实验中，常从膨胀计毛细管高度 H 的变化换算出聚合反应的转化率。

根据 P 对时间 t 作图，应得一条直线，求出直线的斜率 $\dfrac{\mathrm{d}P}{\mathrm{d}t}$，根据定义：

$$R_P=\,[M_0]\,\frac{\mathrm{d}P}{\mathrm{d}t}\times\frac{60}{100}$$

即可求出聚合速率 R_P 的值，g/（L·h）。

若我们改变引发剂浓度，那么根据式(1-5)，R_P 对 $[I]^{1/2}$ 作图应该是一条直线。

三、实验仪器和试剂

恒温槽、膨胀计、移液管、容量瓶、砂芯漏斗、烧杯。

水银（A、B级）、苯、苯乙烯（St，精馏）、甲醇、偶氮二异丁腈（AIBN，重结晶）。

四、实验步骤

（1）用水银测定膨胀计体积和毛细管的体积及应变的关系。

（2）将膨胀计用丙酮清洗并干燥。

在 6 只容量瓶中分别放入按表 1-9 配制的 St-AIBN 的混合物。

（3）用移液管将溶有 AIBN 的 St 溶液分别置于 6 个膨胀计内，用火棉胶封好的膨胀计置于 60℃±0.1℃ 的恒温槽中，充有液体的毛细管部分也浸于水中。待放置 5min 后开始计时（t_0），毛细管中的液面会逐渐升高，当液面达到最高值时记录此时的高度（H_1）和时间（t_1），随后液面开始下降（t_2）。此后每隔 2min 记录一次液面的高度。

表 1-9　进行苯乙烯的本体聚合的配方

组号	St/mL	AIBN/mg
1	25	20
2	25	40
3	25	60
4	25	80
5	25	100
6	25	120

当毛细管液面高度下降 6～7cm 时（1、2 号下降的高度可为 6cm），把膨胀计取出，并立即浸于水中以终止反应。

（4）将已冷却至 10℃ 以下的膨胀计中的聚合物倾倒于小烧杯 8～10 倍体积的甲醇中，将所得的聚合物过滤，洗涤，于 50℃ 下真空干燥，称重。

五、实验结果及数据处理

（1）作 ΔH-t 或 ΔV～t 图，并求出聚合反应起始时间和诱导期。求诱导期的经验公式为：$t = 1/2(t_1 - t_0) + t_2 - t_1$。

（2）作 $P\%$-$[I]^{1/2}$ 图，并求出斜率 $d(P\%)/dt$ 及 R_P 的值。

（3）作 R_P-$[I]^{1/2}$ 图，验证 R_P 与 $[I]^{1/2}$ 的动力学关系。

（4）作 $\ln\dfrac{[M_0]}{[M]}$-t 图，验证 $\ln\dfrac{[M_0]}{[M]} = Kt$ 成立，并求出速率常数 K 值。

附：膨胀计安培体积 $V_{安}$ 和毛细管体积（和高度）的测定方法如下：

将纯水银充满膨胀计，然后将膨胀计置于 30℃ 和 60℃ 的恒温槽中，记下所加入的纯水银质量 m 及 30℃ 和 60℃ 两个温度的纯水银在毛细管中的高度 H_{30} 和 H_{60}。

$$\pi r^2 = \frac{m\left(\dfrac{1}{\rho_{30}} - \dfrac{1}{\rho_{60}}\right)}{H_{30} - H_{60}}, \quad V_{安} = \frac{m}{\rho_{60}} - \pi r^2 H_{60}$$

ρ_{30}、ρ_{60} 分别为纯水银在 30℃ 和 60℃ 下的密度（$\rho_{60} = 13.5217$，$\rho_{30} = 13.4486$），从毛细管的体积即可求出单位长度的体积校准数。

苯乙烯密度经验公式：$\rho_{St} = 0.0240 - 0.000918t$（g/cm³）（$t = 30 \sim 120℃$）

六、思考题

（1）对于高转化率情况下的自由基聚合反应可采用什么方法研究？请说明原因。

（2）缩聚反应动力学采用何种方法测定？

（3）膨胀计中引起弯液面高度的变化是什么原因？聚合反应开始时间如何确定？膨胀计的弯液面为什么有一段时间的停顿？

(4) 已知在 30℃ 时，苯乙烯的密度为 0.85lg/mL，求单体完全转化时将会有多大的体积收缩？

(5) 请讨论本实验的误差以及改进意见。

实验十四　紫外法测定甲基丙烯酸甲酯和苯乙烯的竞聚率

一、实验目的

(1) 熟悉烯类共聚反应时单体聚合的顺序或选择性。

(2) 熟悉烯类共聚反应速率方程的表达式。

(3) 掌握从投料比和聚合物组成计算共聚体系的竞聚率方法。

(4) 掌握竞聚率的紫外分析法。

二、实验原理

在共聚反应中，控制共聚物的组成是一个重要的实际问题。根据 Mayo 和 Lowis 提出的几个基本假设：①绝大部分的单体都是在链增长过程中消耗掉的；②体系中不存在影响链增长速率的其他副反应；③反应达稳态时，体系中活性浓度以及每种单体链节结尾的活性链的浓度均保持不变；④活性与末端结构没关系，推导共聚物组成的微分方程式结果如下：

$$\frac{d[M_1]}{d[M_2]} = \frac{[M_1](r_1[M_1]+[M_2])}{[M_2](r_2[M_2]+[M_1])} \tag{1-9}$$

式中，$r_1 = \dfrac{k_{11}}{k_{12}}$；$r_2 = \dfrac{k_{22}}{k_{21}}$。

若以 F_1、F_2 分别代表共聚物中单体 1 和单体 2 所占的摩尔分数，f_1、f_2 分别代表单体 1 和单体 2 在单体配比中的摩尔分数，则上式可改写为：

$$F_1 = \frac{r_1 f_1 + r_1 f_2}{r_1 f_1^2 + 2f_1 f_2 + r_2 f_2^2} \tag{1-10}$$

由式(1-10) 可以清楚地看到共聚物的组成仅决定于两种单体的配料比及共聚体系的竞聚率。因此，当共聚体系的竞聚率已知时，就可以根据上式作出这个共聚体系的 F-f 曲线图。根据此图就可以知道要合成某一组成的共聚物时应用什么样的配料比，并可以估计出要合成这一组成的共聚物的难易。故竞聚率的测定，对于共聚反应来说是相当重要的。

竞聚率的测定是在一定温度下用几种不同配料比进行共聚反应而测定的。对于一般的共聚体系，f_1 和相应的 F_2 并不相同，随着共聚物的生成，体系中的 f_1 不断改变，只有很低转化率（＜10％）时所制得的共聚物的组成才可以认为是按原料投料比相互聚合反应的，转化率稍高就要进行校正，若转化率＞10％则应用积分公式处理。

为了便于实验的实施，曾有人导出多种处理共聚竞聚率的方法，如：

(1) 直线交叉法　方程表达式为：

$$r_2 = \frac{f_1}{f_2}\left[\frac{F_1}{F_2}\left(1 + \frac{f_1}{f_2}r_1\right) - 1\right] \tag{1-11}$$

如果选择一种配料比，又测得相应的共聚物组成，代入式(1-11)，即可得到一条以 r_1 和 r_2 为变数的直线方程，一次实验可作出一条直线。数条直线的交点（或交叉区）就是该体系的 r_1 和 r_2 的值。由于测得的 r_1 和 r_2 常常有较大的任意性，所以精确度较差。

（2）截距法 以 $\dfrac{\mathrm{d}\,[M_1]}{\mathrm{d}\,[M_2]}=\rho$ 和 $\dfrac{[M_1]}{[M_2]}=R$ 代入式（1-9）得：

$$\rho=R\left(\dfrac{r_1R+1}{r_2+R}\right)\quad 即\left(R-\dfrac{R}{\rho}\right)=\dfrac{R^2}{\rho}r_1-r_2 \tag{1-12}$$

式中，R 为瞬时配料比，在低转化率时近似等于单体配料比，这是已知值

$$R=\dfrac{[M_1]}{[M_2]}=\dfrac{[M_1]_0}{[M_2]_0}=\dfrac{V_1d_1/M_1}{V_2d_2/M_2} \tag{1-13}$$

式中，V、d、M 分别代表单体的体积、密度和分子量。

ρ 为瞬时共聚物组成，可见，若已知 ρ 和 R，根据式(1-12)可得到 r_1 和 r_2 关系式，作图可得一直线，截距为 r_2，斜率为 r_1。

在一系列的实验中（同样条件），单体的配料比可自行设计，而在共聚物中的苯乙烯（共聚体系为苯乙烯和甲基丙烯酸甲酯）可以用红外或紫外方法定量测定。本实验采用紫外法。

根据 Beer-Lambert 公式：

$$A=\varepsilon CL \tag{1-14}$$

只要知道特定波长下的溶液吸收率 A 和消光系数 ε 以及测定时所用的池子的长 L，即可测得溶液中的苯乙烯浓度。

实验时，先对苯乙烯均聚物和甲基丙烯酸甲酯均聚物进行紫外测定，分别得到苯乙烯的质量分数为 1.00 和 0.00 的吸收值，此时 A 对 C（甲基丙烯酸甲酯中苯乙烯的质量分数）作图应得一条直线，并且包括了苯乙烯的所有浓度。这里的 A 值是相同浓度下归一化了的。如果将 St-MMA 共聚物溶解，并在所选择的波长下观察到它们归一化吸收，即可根据式(1-14)得出每一种共聚物中苯乙烯质量分数，并由此计算出摩尔分数，即能算出这一体系的 r_1 和 r_2 值（可以按交叉法或截距法处理）。

式(1-14)可改写为：

$$s\%=kE/W \tag{1-15}$$

式中，$s\%$ 为苯乙烯含量；E 为该溶液的消光值；W 为分析试样的质量；k 为常数（对于某一物质，入射波长一定，样品的稀释方法相同的情况，才能是恒值），k 值由纯聚苯乙烯在同一波长、同一浓度下所测的 E 值，代入式(1-15)即可求得。实验时，只要知道试样质量和 E 值，即可求得 $s\%$ 值。

三、实验试剂和仪器

苯乙烯，甲基丙烯酸甲酯，AIBN，甲乙酮，氯仿，己烷或石油醚和氮气。

超级恒温槽，4 支聚合封管（＞5mL），25mL 和 10mL 量筒，吸滤瓶，不锈钢网或铜丝网，1mL 移液管，UV-5100H 型紫外分光光度计和长针头。

四、实验步骤

1. 共聚合反应

（1）在各试管中加入不同用量的单体和引发剂，并振摇溶解，然后置于冰水中（注意不要使物料冷凝成固体）。

（2）逐一插入一根连有氮气钢瓶的长针头于聚合管中，鼓泡赶氧 1～2min。

（3）然后将 4 根聚合管用 2 张金属片裹住，置于已恒温至 60℃ 的恒温槽中。每个试管

中所放入的混合单体的总量为 0.1mol，改变苯乙烯和甲基丙烯酸甲酯单体的配比进行 5 组实验。

（4）聚合 1h 后（聚合管内混合物呈蜂蜜状为宜），从水槽中取出，用自来水冷却。

（5）割破聚合管封口，将混合物倒入搅拌着的盛有 200mL 石油醚的烧杯中使共聚物沉淀。

（6）用 10mL 甲乙酮洗涤聚合管，一并倒入烧杯中，过滤。

（7）将聚合物溶于尽量少的甲乙酮中，然后将此溶液缓缓倒入 200mL 己烷中，吸滤，真空干燥 30min（注意：每支聚合管所用的溶剂量和干燥处理必须相同）。

（8）取少量干燥共聚物（约 0.1g）与氯仿配制浓度为 4g/L 溶液，用于紫外分析，其余部分称量计算产率及转化率。

2. 紫外（UV）测定

（1）UV 分析用溶液的配制：称取 0.1g 共聚物溶于 25mL 氯仿（在 25mL 容量瓶里配制）中，用移液管（1mL）取出 1mL 移至 10mL 容量瓶中加氯仿至刻度，备用。

［注］最好将共聚物置于 50℃/5mmHg 真空烘箱中干燥恒重，准备为配制紫外测试溶液之用。

（2）UV-5100H 的分析操作。

① 测试样品前，需要建立标准曲线，步骤如下。

a. 插上电源，打开仪器，预热 15min 仪器自动跳转到操作主界面。

b. 按"GOTO"键后，按住"▲"或"▼"键不放，让波长读数跳到所需位置停下来，再按"ENTER"键确认。

c. 按"MODE"键调至"C 模式"，选择"新建曲线"。

d. 在弹出的界面中设定标准样品个数，随后进入标样浓度设定和测试界面。

e. 将空白样品放入光路中，关上样品室盖，按"ZERO"键，调零。

f. 根据提示将标准样品依次放入光路中，并依次输入标准样品浓度，按"确认"键。

g. 当最后一个标准样品浓度设定好，仪器根据操作自动采集完数据后，按"确认"键，仪器会自动绘制出标准曲线。

② 样品的测试步骤如下。

a. 插上电源，打开仪器，预热 15min 仪器自动跳到操作主界面。

b. 按"MODE"键调至"A 模式"。

c. 按"GOTO"键后，按住"▲"或"▼"键不放，让波长读数跳到所需位置停下来，再按"ENTER"键确认。

d. 将空白样品放入光路中，关上样品室盖。

e. 按"ZERO"键，调零。

f. 将待测样品放入光路中，关上样品室盖。

g. 从显示器上直接得出吸光度值。

注意事项：仪器通电后预热 15～20min，确保仪器稳定工作。根据波长可以选配比色皿，波长 350nm 以上，可用玻璃比色皿；波长 350nm 以下，一定要用石英比色皿。将比色皿放入托架内，然后把盖板盖好。比色皿使用完毕，请立即用蒸馏水冲洗清洁，并用干净、柔软的纱布将水拭净，以防止破坏表面光洁度影响比色皿的透光率。

五、实验结果及数据处理

将不同的 F_1、F_2 和 f_1、f_2 代入式（1-11）或式（1-12），然后作图，求出 r_1 和 r_2。测试分析记录及计算见表 1-10。

表 1-10 苯乙烯-甲基丙烯酸甲酯竞聚率的测试结果

编号	$E/\%$	m/g	$w_{St}/\%$	$x_{St}/\%$	$w_{MMA}/\%$	$x_{MMA}/\%$	ρ_{St} /(g/L)	ρ_{MMA} /(g/L)	x_{St}/x_{MMA}
1									
2									
3									
4									
5									

注：E 为溶液吸光度；m 为试样的总质量；w_{St} 和 x_{St} 分别为苯乙烯的质量分数和摩尔分数；w_{MMA} 和 x_{MMA} 分别为甲基丙烯酸甲酯的质量分数和摩尔分数；ρ_{St} 和 ρ_{MMA} 分别为苯乙烯和甲基丙烯酸甲酯的质量浓度。

六、思考题

(1) 试讨论本实验引起误差的原因和改进的意见。

(2) 为什么要冷冻赶氧和冷冻终止反应？

(3) 为什么测定竞聚率时一定要把聚合转化率控制在 10% 以下，如何控制？

实验十五 对苯二甲酰氯与己二胺的界面缩聚

一、实验目的

(1) 掌握界面缩聚反应的原理、方法、类别、特点。

(2) 加深对界面缩聚过程和特点的理解。

二、实验原理

在缩聚反应中，以高活性单体代替活性较低的单体，聚合可在较低的温度下完成。这类反应具有不平衡缩聚的反应特征。

界面缩聚是缩聚反应特有的实施方式，将两种单体分别溶解于互不相溶的两种溶剂中，聚合反应只在两相溶液的界面上进行。界面缩聚可分成搅拌界面缩聚、不搅拌界面缩聚、可溶界面缩聚。

界面聚合具有不同于一般逐步聚合的反应机理。单体由溶液扩散到界面，主要与聚合物分子链端的官能团反应。通常聚合反应在界面的有机相一侧进行，如二元胺与二元酰氯的聚合反应。界面聚合具有以下特征：两种反应物并不需要以严格的质量比加入；高分子量聚合物的生成与总转化率无关；界面聚合反应一般是受扩散控制的反应。

要使界面聚合反应成功地进行，需要考虑的因素有：将生成的聚合物及时移走，以使聚合反应不断进行；采用搅拌等方法提高界面的总面积；反应过程有酸性物质生成，则要在水相中加入碱；有机溶剂仅能溶解低分子量聚合物；单体最佳浓度比应能保证扩散到界面处的两种单体为等摩尔比时的配比，并不是 1:1。

本实验根据实际情况采用二元胺与二元酰氯的不搅拌界面缩聚方法，反应如下。

三、实验仪器和试剂

100mL 烧杯 1 只，50mL 烧杯 1 只，玻璃棒 1 根。

CCl_4，NaOH，对苯二甲酰氯，己二胺。

四、实验步骤

（1）在 100mL 烧杯中加入 25mL CCl_4 和 0.25g 对苯二甲酰氯，使其溶解。

（2）在 50mL 烧杯中加入 25mL H_2O 和 0.6g NaOH，溶解后再加入 1g 己二胺，使其溶解。

（3）将己二胺-NaOH 溶液小心地沿烧杯壁缓缓倒入盛有对苯二甲酰氯-CCl_4 溶液的烧杯中，此时烧杯中两层溶液的界面立即形成一层聚合物薄膜（注意：盛有对苯二甲酰氯-CCl_4 溶液的烧杯需放置于实验台便于操作处，不要随便移动）。

（4）用镊子小心将界面处的聚合物薄膜拉出，并缠在玻璃棒上，转动玻璃棒，直至酰氯反应完毕。

（5）用 1% 的 HCl 溶液洗涤聚合物以终止聚合，再用蒸馏水洗涤至中性，并于 80℃ 真空干燥，得到聚合物称重。

五、思考题

（1）结合本实验对苯二甲酰氯和己二胺的聚合，说说界面聚合的特点及影响因素。

（2）界面缩聚中界面的作用是什么？

实验十六　强酸离子交换树脂的合成及性能测定

一、实验目的

（1）掌握悬浮聚合的反应原理及各组分的作用。

（2）通过苯乙烯和二乙烯苯共聚物的磺化反应，了解制备功能高分子的一个方法和高分子化学反应的规律。

（3）掌握离子交换树脂的净化方法和交换摩尔数的测定方法。

二、实验原理

溶有引发剂的单体以液滴状悬浮于水中进行自由基聚合的方法称为悬浮聚合法。水为连续相，单体为分散相。聚合在每个小液滴内进行，反应机理与本体聚合相同，可看作小珠本体聚合。

离子交换树脂是球型小颗粒，这样的形状使离子交换树脂的应用十分方便。用悬浮聚合方法制备球状聚合物是制取离子交换树脂的重要实施方法。在悬浮聚合中，影响颗粒大小的因素主要有 3 个，分散介质（一般为水）、分散剂和搅拌速率。水量不够不足以把单体分散开，水量太多反应容器要增大，给生产和实验带来困难。一般水与单体的比例在 2～5 之间。分散剂的最小用量虽然可能小到是单体的 0.005％左右，但一般常用量为单体的 0.2％～1％，太多容易产生乳化现象。当水和分散剂的量选好后，只有通过搅拌才能把单体分开。所以调整好搅拌速率是制备粒度均匀的球状聚合物的极为重要的因素。离子交换树脂对颗粒度要求比较高，所以严格控制搅拌速率，制得颗粒度合格率比较高的树脂，是实验中需特别注意的问题。

在聚合时，如果单体内加有致孔剂，得到的是乳白色不透明状大孔树脂，带有功能基后仍为带有一定颜色的不透明状。如果聚合过程中没有加入致孔剂，得到的是透明状树脂，带有功能基后，仍为透明状。这种树脂又称为凝胶树脂，凝胶树脂只有在水中溶胀后才有交换能力。这时凝胶树脂内部渠道直径只有 2～4μm，树脂干燥后，这种渠道就消失，所以这种渠道又称隐渠道。大孔树脂的内部渠道，直径可小至数个微米，大至数百个微米。树脂干燥后这种渠道仍然存在，所以又称为真渠道。大孔树脂内部由于具有较大的渠道，溶液以及离子在其内部迁移扩散容易，所以交换速率快，工作效率高。目前大孔树脂发展很快。

按功能基分类，离子交换树脂又分为阳离子交换树脂和阴离子交换树脂。当把阳离子基团固定在树脂骨架上，可进行交换的部分为阳离子时，称为阳离子交换树脂，反之为阴离子交换树脂。所以树脂的定义是根据可交换部分确定的。不带功能基的大孔树脂，称为吸附树脂。

阳离子交换树脂用酸处理后，得到的都是酸型，根据酸的强弱，又可分为强酸型及弱酸型树脂。一般把磺酸型树脂称为强酸型，羧酸型树脂称为弱酸型，磷酸型树脂介于这两种树脂之间。

离子交换树脂应用极为广泛，它可用于水处理、原子能工业、海洋资源、化学工业、食品加工、分析检测、环境保护等领域。

本实验分两步进行，第一步是苯乙烯和二乙烯苯（交联剂）在过氧化苯甲酰引发下，经悬浮聚合生成珠状共聚体，它具有体型网状结构，是苯乙烯型离子交换树脂的母体。反应式如下：

（交联聚苯乙烯）

磺化反应

在磺化反应前，应先将树脂在溶剂中溶胀，使硫酸容易渗入树脂内部，使磺化较均匀。溶胀剂用二氯乙烷、四氯乙烷等。第二步是磺化反应，影响磺化反应的因素主要是温度和硫酸的浓度。磺化温度高，反应速率快，但容易引起树脂的碳化而变黑；温度低时，磺化反应时间拖长。硫酸浓度高，反应速率快，磺化反应完全，但浓度太高易使树脂变脆破裂，降低其机械强度。

磺化后的树脂带有磺酸基离子交换基团，就其解离度来说，与强酸的解离度相当，是一种强酸性阳离子交换树脂。由于这种树脂对酸、碱及氧化剂的化学稳定性较强，机械强度较好，适应温度较高，所以广泛地应用于各领域，如软化水及纯水的制备，处理血浆、离子的置换等。

三、实验仪器和试剂

250mL 三口烧瓶，球型冷凝管，直型冷凝管，交换柱，量筒，烧杯，搅拌器，水银导电表，继电器，电炉，水浴锅，标准筛（30～70 目）。

苯乙烯（St），二乙烯苯（DVB），过氧化苯甲酰（BPO），5%聚乙烯醇（PVA）水溶液，0.1%次甲基蓝水溶液，二氯乙烷，H_2SO_4（92%～93%）溶液，HCl（5%）溶液，NaOH（5%）溶液。

四、实验步骤

(一) 苯乙烯-二乙烯苯的悬浮共聚

（1）在 250mL 三口烧瓶中加入 100mL 蒸馏水、5%PVA 水溶液 5mL，数滴甲基酚蓝溶液，调整搅拌片的位置，使搅拌片的上沿与液面相平。开动搅拌器并缓慢加热，升温至 40℃后停止搅拌。将事先在小烧杯中混合并溶有 0.2g BPO、20g（22mL）St 和 5g（5.5mL）DVB 的混合物倒入三口烧瓶中。

（2）开动搅拌器，开始转速要慢，待单体全部分散后，用细玻璃管（不要用尖嘴玻璃管）吸出部分油珠放到表面皿上。观察油珠大小。如油珠偏大，可缓慢加速。过一段时间后继续检查油珠大小，如仍不合格，继续加速，如此调整油珠大小，一直到合格为止。

（3）待油珠合格后，以 1～2℃/min 的速率升温至 70℃，并保温 1h，再升温到 85～87℃反应 1h。在此阶段避免调整搅拌速率和停止搅拌，以防止小球不均匀和发生黏结。

（4）当小球定型后升温到 95℃，继续反应 2h。停止搅拌，在水浴上煮 2～3h，将小球倒入尼龙纱袋中，用热水洗小球 2 次，再用蒸馏水洗 2 次，将水甩干，把小球转移到瓷盘内，自然晾干或在 60℃烘箱中干燥 3h，称量。

（5）用 30～70 目标准筛过筛，称重，计算小球合格率。

(二) 共聚小球的磺化

（1）称取合格白球 20g，放入 250mL 装有搅拌器、回流冷凝管的三口烧瓶中，加入 20g 二氯乙烷，溶胀 10min，加入 92.5%的 $H_2SO_4$100g。开动搅拌器，缓慢搅动，以防把树脂粘到瓶壁上。

（2）用油浴加热，1h 内升温至 70℃，反应 1h，再升温到 80℃反应 6h。然后改成蒸馏装置，搅拌下升温至 110℃，常压蒸出二氯乙烷，撤去油浴。

冷却至室温后，用玻璃砂芯漏斗抽滤，除去硫酸，然后把这些硫酸缓慢倒入能将其浓度降低 15%的水中，把树脂小心地倒入被冲稀的硫酸中，搅拌 20min。抽滤除去硫酸，将此硫酸的一半倒入能将其浓度降低 30%的水中，将树脂倒入被第 2 次冲稀的硫酸中，搅拌 15min。抽滤除去硫酸，将硫酸的一半倒入能将其浓度降低 40%的水中，把树脂倒入被 3 次冲稀的硫酸中，搅拌 15～20min。抽滤除去硫酸，把树脂倒入 50mL 饱和食盐水中，逐渐加水稀释，并不断把水倾出，直至用自来水洗至中性。

　　取约 8mL 树脂于交换柱中，保留液面超过树脂 0.5cm 左右即可，树脂内不能有气泡。加 5％NaOH 溶液 100mL 并逐滴流出，将树脂转为 Na 型。用蒸馏水洗至中性。再加 5％盐酸 100mL，将树脂转为 H 型。用蒸馏水洗至中性。如此反复 3 次。

　　（三）树脂性能的测定

　　树脂的性质和质量交换量、体积交换量、膨胀系数、视密度、假密度、孔径大小和孔径分布等相关。

　　质量交换量：单位质量之 H 型树脂可以交换的阳离子的毫克摩尔数。

　　体积交换量：湿态单位体积之 H 型树脂可以交换的阳离子的毫克摩尔数。

　　膨胀系数：树脂在水中由 H 型（无多余酸）转为 Na 型（无多余碱）时体积的变化。

　　视密度：单位体积（包括树脂空隙）的干燥树脂的质量。

　　假密度：在水中单位体积干燥树脂的质量。

　　如果树脂是多孔的，则有孔径大小、孔径分布等指标。

　　本实验只测体积交换量与膨胀系数两项，其测定原理如下：

$$\text{----CH---CH----}_n + n\,NaCl \longrightarrow \text{----CH---CH----}_n + n\,HCl$$

　　（1）取 5mL 处理好的 H 型树脂放入交换柱中，倒入 1mol/L NaCl 溶液 300mL，用 500mL 锥形瓶接流出液，流速 1～2 滴/min。注意不要流干，最后用少量水冲洗交换柱。

　　将流出液转移至 500mL 容量瓶中。锥形瓶用蒸馏水洗 3 次，也一并转移至容量瓶中，最后将容量瓶用蒸馏水稀释至刻度。然后分别取 50mL 液体于两个 300mL 锥形瓶中，用 0.1mol/L 的 NaOH 标准溶液滴定。

　　（2）空白实验：取 300mL 1mol/L 的 NaCl 溶液于 500mL 容量瓶中，加蒸馏水稀释至刻度，取样进行滴定。

　　（3）体积交换容量 E 计算：

$$E = \frac{c(V_1 + V_2)}{V} \tag{1-16}$$

　　式中，E 为体积交换容量，mol/mL；c 为 NaOH 标准溶液的浓度，mol/L；V_1 为样品滴定消耗的 NaOH 标准溶液的体积，mL；V_2 为空白滴定消耗的 NaOH 标准溶液的体积，mL；V 为树脂的体积，mL。

　　（4）用小量筒取 5mL 的 H 型树脂，在交换柱中转为 Na 型并洗至中性，用量筒测其体积。膨胀系数 P 按式(1-17)计算：

$$P = \frac{V_H - V_{Na}}{V_H} \times 100\% \tag{1-17}$$

　　式中，P 为膨胀系数，％；V_H 为 H 型树脂体积，mL；V_{Na} 为 Na 型树脂体积，mL。

　　（5）或者在交换柱中测 H 型树脂的高度，转型后再测其高度，则：

$$P = \frac{L_H - L_{Na}}{L_H} \times 100\% \tag{1-18}$$

　　式中，L_H 为 H 型树脂的高度，cm；L_{Na} 为 Na 型树脂的高度，cm。

五、注意事项

（1）致孔剂就是能与单体混溶，但不溶于水，对聚合物能溶胀或沉淀，但其本身不参加聚合也不对聚合产生链转移反应的溶剂。

（2）次甲基蓝为水溶性阻聚剂。它的作用是防止体系内发生乳液聚合，如水相内出现乳液聚合，将影响产品外观。

（3）珠粒的大小是根据需要确定的。

（4）洗球是为了洗掉 PVA，在尼龙纱袋中进行比较方便。

（5）由于是强酸，操作中要防止酸液溅出。学生可准备一个空烧杯，把树脂倒入烧杯内，再把硫酸倒进盛树脂的烧杯中，可以防止酸液溅出来。

六、思考题

（1）哪些因素影响小球的粒度？

（2）磺化时温度为什么不能太高？磺化后处理过程中，为什么要加酸稀释，而不直接加水稀释？

（3）测交换量时，为什么需要将树脂反复转型？直接测量交换量，能否得到正确结果？

实验十七　α-氰基丙烯酸酯的阴离子聚合

一、实验目的

（1）掌握阴离子聚合的反应原理。

（2）掌握温度、湿度、单体浓度等因素对聚合反应的影响。

二、实验原理

α-氰基丙烯酸酯单体的结构式为

乙烯基上取代有强吸电子基—CN 和 $-\overset{\text{O}}{\underset{}{\text{C}}}-OR$ ，因而使双键的电子云密度降低，以致在 OH^- 及其他弱碱作用下发生迅速聚合反应（这类单体在光、热的作用下还会发生游离基聚合反应），本实验以 α-氰基丙烯酸甲酯（乙酯）的阴离子聚合来显示指印。在按有指印的物体表面，指印纹线附近含有较多人体排出的汗液，可吸附空气中的水分，在遇到 α-氰基丙烯酸甲酯（乙酯）时，会快速引发阴离子聚合，从而显现白色指印纹线。

三、实验仪器和试剂

载玻片，试管，酒精灯，铁架台。

α-氰基丙烯酸甲酯（乙酯）。

四、实验步骤

（1）取干燥干净的载玻片，以食指在其表面用力按一下。

（2）取 1mL α-氰基丙烯酸甲酯加入 10mL 小试管中，放在酒精灯上加热，使其蒸发。

（3）将按有指印的载玻片放在试管口附近 α-氰基丙烯酸甲酯单体的蒸气中约 20s。

（4）使载玻片在空气中晾干（不可用嘴吹），观察指印纹线。

五、思考题

（1）以 α-氰基丙烯酸甲酯的聚合为例说明阴离子聚合的特点。

（2）设计一个不同的实验路径达到同样可以显现指印纹线的目的。

（3）哪些因素影响实验的效果？

实验十八　植物废弃物中提取果胶

一、实验目的

（1）掌握从甜菜渣、橘皮等植物废弃物中提取果胶的原理和方法。

（2）了解果胶的主要性质和用途。

二、实验原理

1. 主要性质和用途

果胶（pectin）属多糖类植物胶，以原果胶的形式存在于高等植物的叶、茎、根等的细胞壁内，与细胞彼此黏合在一起，由水溶性果胶和纤维素结合而形成不溶于水的成分。未成熟水果因果实细胞壁中有原果胶存在，因此组织坚实。随着果实不断生长成熟，原果胶在酶的作用下分解为（水溶性）果胶酸和纤维素。果胶酸再在酶的作用下继续分解为低分子半乳糖醛酸和 α-半乳糖醛酸。原果胶含量逐渐减少，因而果皮不断变薄变软。原果胶在水和酸中加热，可分解为水溶性果胶酸。果胶在果实及叶中的含量较多。在橙属水果的果皮和苹果渣、甜菜渣中都含有质量分数为 20％～50％ 的果胶。

各种果实、果皮中的原果胶，通常以部分甲基化多缩半乳糖醛酸的钙盐或镁盐形式存在，经稀盐酸水解，可以得到水溶性果胶，即多缩半乳糖醛酸的甲酯。果胶的基本化学组成是半乳糖醛酸，基本结构是 D-吡喃半乳糖醛酸以 α-1，4-糖苷连接的长链，通常以部分甲酯化状态存在。

果胶水解时，产生果胶酸和甲醇等，其反应式为

$$C_{41}H_{60}O_{36} + 9H_2O \Longrightarrow 2CH_3OH + 2CH_3COOH + C_5H_{10}O_5 + C_6H_{12}O_6 + 4C_6H_{10}O_7 （果胶酸）$$

果胶是高分子聚合物，可以从植物组织中分离提取出来，其分子量在 5 万～30 万之间，为淡黄色或白色的粉末状固体，味微酸，能溶于 20 倍水中生成黏稠状液体，不溶于酒精及一般的有机溶剂，若先用酒精、甘油或糖浆等浸润，则极易溶于水中。果胶在酸性条件下稳定，但遇强酸、强碱易分解，在室温下可与强碱作用生成果胶酸盐。

果胶具有良好的胶凝化和乳化作用，在食品工业、医药工业和轻工业中有广泛的用途。他可以用于制备低浓度果酱、果胶及胶状食物，作结冻剂，用作果汁饮料、乳品、巧克力、速冻饮粉和糖果等食品中的添加剂，也可用作冷饮食品的稳定剂；在医药上，果胶可用作金属中毒的解毒剂以及用于防止血液凝固、肠出血和治疗便秘等病症；在纺织工业中，是一种良好的乳化剂；在轻工业生产中，可用来制造化妆品，并可用作油和水之间的乳化剂。果胶其他方面的用途仍在不断开发之中。

2. 提取原理

果胶分子中部分羧基很容易与钾、钠、铜或铵离子反应生成盐。根据这一特性，可先将

果胶溶液调至一定 pH 值，再把金属盐加入溶液中，使其与果胶中的羧基反应生成果胶盐。由于果胶盐不溶于水，便在溶液中沉淀出来。经分离后，用酸将金属离子置换出来，金属离子由于形成氯化物而溶于水中。另外，果胶能溶于水成为乳浊状胶体溶液，因此可在稀酸加热条件下，将果胶转化为水溶性果胶，而利用其不溶于乙醇的特性，在果胶液中加入适量乙醇，果胶即可沉淀析出。相比之下，后一种方法较为简单，其涉及的提取过程主要包括两个步骤：用稀酸从橘皮、甜菜渣等中浸提出果胶（即原果胶向水溶性果胶转化）；可溶性果胶向液相转移，进而在液相中浓缩、沉降和干燥。沉降过程可以采用乙醇沉析或用金属电解质盐沉析。

提取果胶的工艺流程如下。

干渣复水 —→ 煮沸去霉 —→ 漂洗 —→ 沥干 $\xrightarrow{稀酸}$ 抽提 —→ 过滤（$\xrightarrow{稀酸}$ 成盐 —→ 水洗抽滤 $\xrightarrow{浓酸}$ 分解）$\xrightarrow{乙醇}$ 沉析 —→ 分离 —→ 纯化 —→ 脱水干燥 —→ 成品

三、实验仪器和试剂

三口烧瓶、布氏漏斗、抽滤瓶、真空水泵、烧杯（250mL、500mL）、表面皿、球型冷凝管、温度计（0～200℃）、台秤、水浴锅、漏斗、滤纸、烘箱、pH 计、移液管、研钵、容量瓶（250mL、500mL）、滴定管。

橘皮（或干甜菜渣）、盐酸（质量分数 36%）、乙醇溶液（质量分数 95% 以上）、NaOH 溶液（0.1mol/L）、蔗糖、柠檬酸、氯化钙溶液（质量分数 11.1%）、硝酸银溶液（质量分数 2%）、EDTA 溶液（0.02mol/L）、钙指示剂（1g 钙指示剂与 97g 硫酸钾研成粉末）、乙酸水溶液（约为 1mol/L，用质量分数 36% 乙酸 16mL，加水 84mL）。

四、实验步骤

（1）粗称橘皮或甜菜渣约 20g，于 250mL 烧杯中，加入约 100mL 去离子水，在 45℃下浸泡 4～5min 后，煮沸 5min，将大部分水沥出后，用清水漂洗 3～4 次，滤干，置于表面皿上，在 80℃烘箱中烘干。

（2）准确称取 15g 干燥后的甜菜渣，加入盛有 400mL pH＝1.5 盐酸溶液的三口烧瓶中，于 80℃下提取 2h，将上述提取液转入抽滤瓶中，用水泵抽滤（若杂质太多，可加少些硅藻土）。滤液用浓氨水调节至中性后，放入真空干燥箱中，将溶液浓缩至 80mL 左右，搅拌下向其中缓慢滴加 80mL 乙醇，得絮状物。静置后抽滤，用乙醇反复洗数次，滤饼置于表面皿中于 40～50℃下烘干。计算收率。

（3）取试样 0.4g 加水 30mL，加热并不断搅拌，使其完全溶解。加蔗糖 35.6g，继续加热浓缩至 54.7g，倒入含有 0.8mL 质量分数为 12.5% 柠檬酸溶液的烧杯中，冷却后即成柔软而有弹性的胶冻（高脂果胶）。

（4）称取干样品 0.45～0.50g 于 250mL 烧杯中，加水约 150mL，搅拌下在 70～80℃水浴中加热，使之完全溶解，冷却后移入 250mL 容量瓶中，用水稀释至刻度，充分振摇均匀。

（5）吸取制备的样品溶液 25mL 于 500mL 烧杯中，加入 0.1mol/L NaOH 溶液 100mL，放置 30min，使果胶皂化，加 1mol/L 醋酸溶液 50mL，5min 后加质量分数为 11.1% 的 $CaCl_2$ 溶液 50mL，搅拌，放置 30min，煮沸约 5min，立即用定性滤纸过滤，用沸水洗涤沉淀，直至滤液对 $AgNO_3$ 溶液不起反应为止，将滤纸上的沉淀用沸水冲洗于锥形瓶中，加入质量分数为 10% 的 NaOH 溶液 5mL，用小火加热使果胶酸钙完全溶解，冷却，加入 0.4g

钙指示剂，以 0.02mol/L EDTA 标准溶液滴定，溶液由紫红色变为蓝色为终点。

（6）计算果胶酸的含量，计算公式如下：

$$W（果胶酸）＝\dfrac{\dfrac{92}{8}×40.08Vc}{m}×100\%\tag{1-19}$$

式中，V 为 EDTA 的体积，L；c 为 EDTA 的浓度，mol/L；40.08 为钙的摩尔质量，g/mol；92/8 为根据果胶酸钙中质量分数为 8% 推算出的果胶酸含量系数；m 为样品质量，g。

五、注意事项

（1）实验中需使用去离子水，以利于果胶的萃取。
（2）实验中应严格控制酸提取时的 pH 值在 1.5～2.5 之间。
（3）浓缩处理时，温度不宜超过 40℃。

六、思考题

（1）为什么果胶的提取温度不宜过高（不超过 100℃）？
（2）酸液的 pH 值是否会对果胶产量和质量产生影响，为什么？

实验十九　甲基丙烯酸甲酯的悬浮聚合

一、实验目的

（1）掌握高分子悬浮聚合的原理和特点；掌握通过悬浮聚合法制备聚甲基丙烯酸甲酯的操作过程。

（2）了解悬浮聚合的配方及各组分的作用，了解不同类型悬浮剂的分散机理、搅拌速率、搅拌器形状对悬浮聚合物粒径等的影响，并观察单体在聚合过程中的演变。

二、实验原理

悬浮聚合是将单体以微珠形式分散于介质中进行的聚合。悬浮聚合体系主要包括难溶性的单体、油溶性引发剂、水和分散剂 4 个基本部分。从动力学的观点看，悬浮聚合与本体聚合完全一样，每一个微珠相当于一个小的本体，因此又称为小珠本体聚合。

悬浮聚合克服了本体聚合中散热困难的问题，而且聚合后得到的固体小珠容易分离，不需要额外造粒工艺。缺点是因珠粒表面附有分散剂，使纯度降低。当微珠聚合到一定程度，珠子内粒度迅速增大，珠与珠之间很容易碰撞黏结，不易成珠子，甚至黏成一团，为此必须加入适量分散剂，选择适当的搅拌器与搅拌速率。由于分散剂的作用机理不同，在选择分散剂的各类和确定分散剂用量时，要随聚合物种类和颗粒要求而定，如颗粒大小、形状、树脂的透明性和成膜性能等。同时也要注意合适的搅拌强度和转速，水与单体比等。另外，聚合物包含的少量分散剂难以完全除掉，可能影响材料的透明性和抗老化等性能。

本实验以氯化镁与氢氧化钠为分散剂进行甲基丙烯酸甲酯的悬浮聚合。

三、实验仪器和试剂

恒温水浴锅；球形冷凝管；机械搅拌器；温度计；三口烧瓶；玻璃棒；量筒；烧杯；布氏漏斗；抽滤设备；滤纸等。

试剂见表1-11。

表1-11　试剂

名称	纯度	用量
甲基丙烯酸甲酯(MMA)	新鲜蒸馏	10mL
过氧化二苯甲酰(BPO)	重结晶	0.07g
氯化镁(MgCl₂)	CP级	1mol/L
氢氧化钠(NaOH)	CP级	1mol/L
丙酮	AR级	
乙醇	AR级	
蒸馏水		60mL

四、实验步骤

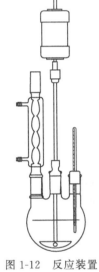

图1-12　反应装置

(1) 安装时，搅拌器装在支管正中，不要与瓶壁碰撞，搅拌时要平稳；三口烧瓶下装有加热水浴；冷凝管可待料加入后再安装，其装置如图1-12所示。

(2) 将大部分蒸馏水（约40mL）先于支管中加入，开动搅拌器，加入预先配制的1mol/L氯化镁溶液和1mol/L氢氧化钠溶液各4～5mL。加热水浴至60℃，反应5min，同时取新蒸馏的单体10mL于小烧杯中，使其先与过氧化二苯甲酰混溶，待全部溶解后，用玻璃漏斗由支管中加入。剩余的蒸馏水（20mL）即为冲洗小烧杯用，洗液一并加入支管中。此时应注意调整搅拌器转速，使单体在水中分散成为大小均匀的珠粒，反应温度保持在78～80℃。其流程图如图1-13所示。

(3) 注意观察悬浮粒子的情况，由于聚合物密度增大，球形的聚合物逐渐沉降于支管底部，并且从支管嗅出单体气体很稀，即可升温至85℃熟化0.5h左右，通常进行1.5～2h。

(4) 反应结束后，移去热水浴，用水冷却后将产物倾入200mL烧杯，用温蒸馏水清洗数次，再过滤，放在60℃烘箱中烘至恒重。计算产率。

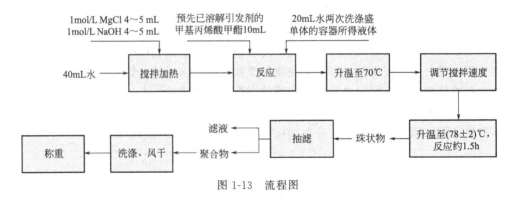

图1-13　流程图

五、注意事项

（1）搅拌太激烈时，易生成砂粒状聚合物，且不易聚合；搅拌太慢，易生成结块，附在器壁上难以清洗。

（2）称量 BPO 采用塑料匙或竹匙，避免金属匙。

六、思考题

(1) 悬浮聚合成败的关键是什么？

(2) 如何控制聚合物粒度？

(3) 试比较有机分散剂与无机分散剂的分散机理。

(4) 实验中哪些因素对分子量（或黏度）产率有影响？并加以讨论。

(5) 聚合过程中，油状单体变成黏稠状，最后变成硬的粒子，此现象如何解释？

第三节　综合实验

有机硅改性苯丙乳液的制备与性能研究

一、实验目的

（1）了解苯丙乳液的合成原理。

（2）掌握苯丙乳液的制备及改性方法。

（3）掌握苯丙乳液的性能分析方法。

二、实验原理

乳液聚合是指单体在乳化剂的作用下分散在介质中，加入水溶性引发剂，在搅拌或振荡下进行的非均相聚合反应。它既不同于溶液聚合，也不同于悬浮聚合。乳化剂是乳液聚合的主要成分。乳液聚合的引发、增长，终止都在胶束的乳胶粒内进行，具有快速，分子量高的特点。单体液滴只是储藏单体的仓库。反应速率主要取决于粒子数。

苯丙乳液是苯乙烯（St）、丙烯酸酯类、丙烯酸三元共聚乳液的简称。苯丙乳液作为一类重要的中间化工产品，有其非常广泛的用途，现已用作建筑涂料、金属表面胶乳涂料、地面涂料、纸张黏合剂、胶黏剂等，具有无毒、无味、不燃、污染少、耐候性好、耐光、耐腐蚀性优良等特点。有机硅具有优良的防水、耐高低温、耐紫外线和红外辐射、耐氧化降解等性能。有机硅改性苯丙乳液产生三维网状交联结构，可明显提高涂层的耐候性、耐水性、保光性、弹性和耐久性等。

本实验以 St、丙烯酸丁酯（BA）、丙烯酸、乙烯基三乙氧基硅烷等为原料，过硫酸铵为引发剂，十二烷基硫酸钠、OP-10 和 $NaHCO_3$ 为乳化剂，水为分散介质进行乳液聚合。苯乙烯在水相中溶解度很小，主要以胶束成核，乳化剂可以使互不相溶的单体、水转变为稳定的不分层的乳液。

三、实验试剂

苯乙烯、丙烯酸丁酯、丙烯酸、乙烯基三乙氧基硅烷、过硫酸铵、十二烷基硫酸钠、

OP-10、NaHCO$_3$。

四、实验步骤

（一）苯丙乳液合成

（1）在装有搅拌器、冷凝管、温度计及滴液漏斗的四口烧瓶中加入十二烷基硫酸钠和OP-10作为配合乳化剂，加入碳酸氢钠作为缓冲剂，加入1/3的引发剂。在水浴中加热升温并保温在70℃，直至各组分完全溶解。

（2）逐滴加入60g苯乙烯与丙烯酸丁酯的混合单体，在2h内滴完。

（3）在混合单体滴加0.5h后开始滴加剩余的2/3引发剂，并控制其滴加速度，使其与所有单体一同滴完。

（4）再将乙烯基三乙氧基硅烷与剩余的苯乙烯和丙烯酸丁酯混合后滴加，1h滴加完成，升温至80℃并保温反应1h。各组分用量见表1-12。

表1-12　有机硅改性苯丙乳液中各组分用量

原料名称	质量/g	原料名称	质量/g
苯乙烯	50	过硫酸钾	0.5
丙烯酸丁酯	50	碳酸氢钠	2
十二烷基硫酸钠	3	水	150
OP-10	6	乙烯基三乙氧基硅烷	2

（二）性能表征

1. 固含量的测定

取乳液1～2g，加入少量的阻聚剂，放入已称量的蒸发皿中。将蒸发皿及试样在60℃下干燥至恒重，固含量按式（1-20）计算：

$$w = \frac{m_0 - m_1}{m_0} \times 100\%$$　　　　　　（1-20）

式中，w 为固含量，%；m_0 为起始试样质量，g；m_1 为干燥后试样质量，g。

2. 单体转化率的测定

操作同步骤1，转化率按式（1-21）计算：

$$x = \frac{m_1 - m_0 w}{m_0 w_d} \times 100\%$$　　　　　　（1-21）

式中，x 为转化率；m_0 为起始试样质量，g；m_1 为干燥恒重后试样质量，g；w 为配方中不挥发成分的质量分数，%；w_d 为配方中单体的质量分数，%。

3. 乳液黏度的测定

用NDJ-80数显黏度计测定乳液的黏度。

4. 乳液最低成膜温度的测定

在一定的低温条件下，聚合物乳液中的水分挥发以后，乳胶粒仍为离散的颗粒，并不能融为一体。在高于某一特定的温度时，水分挥发以后，各乳胶粒中的分子会互相渗透，互相扩散，聚结为一体而成为连续透明的薄膜。能够成膜的温度下限值叫最低成膜温度（MFT）。它是聚合物乳液的一个重要性能指标，对于聚合物乳液的应用具有指导意义。

聚合物乳液的MFT值在MFT测定仪上进行测定，这种仪器的主体为一块温度梯度板，在板上由冷端到热端温度均匀分布。将待测聚合物乳液样品均匀地涂在梯度板上，待水分挥发以后，将在某一位置处出现一条分界线，在该线高温一侧形成透明而连续的薄膜，而在低温一侧则呈开裂、半分化或白垩状，这条分界线所对应的温度即为最低成膜温度。

5. 乳液稀释稳定性的测定

取 2g 乳液，边搅拌边加入 8g 蒸馏水，搅匀，静置 24h。若无分层或破乳及为合格。

6. 乳液钙离子稳定性的测定

取 10g 乳液，边搅拌边加入 2g 的 5% 氯化钙水溶液，搅匀，于室温下放置 24h，若无分层或破乳即为合格。

7. 红外光谱（IR）分析

将乳液均匀地涂在载玻片上成膜；取下乳胶膜，放入索氏提取器中，用四氢呋喃抽提 24h；将抽提后的乳胶膜用红外光谱仪测定。

8. 共聚物玻璃化转变温度的测定

因为共聚物种含有乳化剂和残留单体等杂质的影响，所以不能直接去测玻璃化转变温度 T_g，应该首先对产物进行处理。

将共聚物乳液中加入适量的无水乙醇进行破乳，将絮状沉淀取出，并用无水乙醇洗涤 3 次，除净其中的残留单体，放入真空烘箱中在 60℃、0.1MPa 真空度下 24h 烘干。采用 DSC 测定其玻璃化转变温度 T_g。

五、思考题

(1) 乙烯基三乙氧基硅烷的作用是什么？可以改善苯丙乳液的哪些性能？

(2) 乳液聚合的主要原理是什么？

(3) 复合乳化剂的作用是什么？

附 录

附录一 常见聚合物的溶剂和沉淀剂

聚合物	溶 剂	沉淀剂
聚丁二烯	脂肪烃、芳烃、卤代烃、四氢呋喃、高级酮和酯	醇、水、丙酮、硝基甲烷
聚乙烯	甲苯、二甲苯、十氢化萘、四氢化萘	醇、丙酮、邻苯二甲酸甲酯
聚丙烯	环己烷、二甲苯、十氢化萘、四氢化萘	醇、丙酮、邻苯二甲酸甲酯
聚异丁烯	烃、卤代烃、四氢呋喃、高级脂肪醇和酯、二硫化碳	低级醇、低级酮、低级酯
聚氯乙烯	丙酮、环己酮、四氢呋喃	醇、己烷、氯乙烷、水
聚四氟乙烯	全氟煤油(350℃)	大多数溶剂
聚丙烯酸	乙醇、二甲基甲酰胺、水、稀碱溶液、1,4-二氧杂环己烷/水(8:2)	脂肪、芳香烃、丙酮、1,4-二氧杂环己烷
聚丙烯酸甲酯	丙酮、丁酮、苯、甲苯、四氢呋喃	甲醇、乙醇、水、乙醚
聚丙烯酸乙酯	丙酮、丁酮、苯、甲苯、四氢呋喃、甲醇、丁醇	脂肪醇(C≥5)、环己醇
聚丙烯酸丁酯	丙酮、丁酮、苯、甲苯、四氢呋喃、丁醇	甲醇、乙醇、乙酸乙酯
聚甲基丙烯酸	乙醇、水、稀碱溶液、盐酸(0.02mol/L,30℃)	脂肪、芳香烃、丙酮、羧酸、酯
聚甲基丙烯酸甲酯	丙酮、丁酮、苯、甲苯、四氢呋喃、氯仿、乙酸乙酯	甲醇、石油醚、己烷、环己烷
聚甲基丙烯酸乙酯	丙酮、丁酮、苯、甲苯、四氢呋喃、乙醇(热)	异丙醚
聚甲基丙烯酸异丁酯	丙酮、乙醚、汽油、四氯化碳、乙醇(热)	甲酸、乙醇(冷)
聚甲基丙烯酸正丁酯	丙酮、丁酮、苯、甲苯、四氢呋喃、己烷、正己烷	甲酸、乙醇(冷)
聚乙酸乙烯酯	丙酮、苯、甲苯、氯仿、四氢呋喃、1,4-二氧杂环己烷	无水乙醇、己烷、环己烷
聚乙烯醇	水,乙二醇(热),丙三醇(热)	烃,卤代烃,丙酮,丙醇
聚乙烯醇缩甲醛	甲苯,氯仿,2-氯乙醇,苯甲醇,四氢呋喃	脂肪烃,甲醇,乙醇,水
聚丙烯酰胺	水	醇类,四氢呋喃,乙醚
聚甲基丙烯酰胺	水,甲醇,丙酮	酯类,乙醚,烃类

聚合物	溶 剂	沉淀剂
聚(N-异丙基丙烯酰胺)	水(冷),苯,四氢呋喃	水(热),正己烷
聚(N,N-二甲基丙烯酰胺)	甲醇,水(40℃)	水(溶胀)
聚甲基乙烯基醚	苯,氯代烃,正丁醇,丙酮	庚烷,水
聚丁基乙烯基醚	苯,氯代烃,正丁醇,丁酮,乙醚,正庚烷	乙醇
聚丙烯腈	N,N-二甲基甲酰胺,乙醇酐	烃,卤代烃,酮,醇
聚苯乙烯	苯,甲苯,氯仿,环己烷,四氢呋喃,苯乙烯	醇,酚,乙烷,丙酮
聚(2-乙烯基吡啶)	氯仿,乙醇,苯,四氢呋喃,二氧六烷,吡啶,丙酮	甲苯,四氯化碳
聚(4-乙烯基吡啶)	甲醇,苯,环己酮,四氢呋喃,吡啶,丙酮/水(1∶1)	石油醚,乙醚,丙酮,乙酸乙酯,水
聚乙烯基吡啶烷酮	(溶解性依赖于是否含少量水)氯仿,甲醇,乙醇,	烃类,四氯化碳,乙醚,丙酮,乙酸乙酯
聚氯化乙烯	苯,甲苯,甲醇,乙醇,氯仿,水(冷),己腈	水(热),脂肪烃
聚氧化丙烯	芳香烃,氯仿,醇类,酮	脂肪烃
聚氧化四甲基	苯,氯仿,四氢呋喃,乙醇	石油醚,甲醇,水
双酚 A 型聚碳酸酯	苯,氯仿,乙酸乙酯	
聚对苯二甲酸乙二醇酯	苯酚,硝基苯(热),浓硫酸	醇,酮,醚,烃,卤代烃
聚芳香砜	N,N-二甲基甲酰胺	甲醇
聚氨酯	苯酚,甲酸,N,N-二甲基甲酰胺	饱和烃,醇,乙醚
聚硅氧烷	苯酚,甲苯,氯仿,环己烷,四氢呋喃	甲醇,乙醇,溴苯
聚酰胺	苯酚,硝基苯酚,甲酸,苯甲酸(热)	烃,脂肪醇,酮,醚,酯
三聚氰胺甲醛树脂	吡啶,甲醛水溶液,甲酸	大部分有机溶剂
天然橡胶	苯	甲醇
丙烯腈-甲基丙烯酸甲酯共聚物	N,N-甲基甲酰胺	正己烷,乙醚
苯乙烯-顺丁烯二酸酐共聚物	丙酮,碱水(热)	苯,甲苯,水,石油醚
聚 2,6-二甲基苯醚	苯,甲苯,氯仿,二氯甲烷,四氢呋喃	甲醇,乙醇
苯乙烯-甲基丙烯酸甲酯共聚物	苯,甲苯,丁酮,四氯化碳	甲醇,石油醚

附录二 几种单体的竞聚率

单体1	单体2	R_1	R_2	聚合温度/℃	备注
苯乙烯	甲基丙烯酸甲酯	0.52 ± 0.03	0.46 ± 0.03	60	
	丙烯腈	0.04 ± 0.05	0.04 ± 0.04	60	
	乙酸乙烯酯	55 ± 10	0.01 ± 0.01	60	
	氯乙烯	17 ± 3	0.02	60	
	顺丁烯二酸酐	0.04	0.006	50	
	丁二烯	0.78 ± 0.01	1.39 ± 0.03	60	

单体 1	单体 2	R_1	R_2	聚合温度/℃	备注
甲基丙烯酸甲酯	丙烯腈	1.22 ± 0.01	0.15 ± 0.08	60	
	乙酸乙烯酯	20 ± 3	0.015 ± 0.015	60	
	丙烯酸	0.48	1.51	45	
	氯乙烯	13	0	60	
乙酸乙烯酯	丙烯腈	0.13 ± 0.06	4.05 ± 0.3	60	
	顺丁烯二酸酐	0.055	0.003	75	
	甲基丙烯酸丁酯	62	0.12	60	
	氯乙烯	0.23 ± 0.02	1.68 ± 0.03	60	
丙烯腈	丁二烯	0.0 ± 0.04	0.35 ± 0.08	50	
	丙烯酸甲酯	0.84	0.83	65	乳液聚合
	丙烯酸丁酯	0.92	1.0	56	
乙烯	丙烯酸丁酯	0.03	11.9	70	
	氯乙烯	0.24	3.60	90	
	乙酸乙烯酯	1.07	1.08	90	
苯乙烯	甲基丙烯酸甲酯	10.5	0.1	20	正离子聚合
MMA	丙烯腈	0.39	7.0		负离子聚合

附录三 单体、聚合物的密度和聚合反应中的体积变化

单 体	密度(25℃)/(g/mL)		体积变化/%
	单体	聚合物	
氯乙烯	0.919	1.406	34.4
丙烯腈	0.800	1.17	31.9
偏二溴乙烯	2.178	3.053	28.7
偏二氯乙烯	1.213	1.71	28.6
溴乙烯	1.512	2.075	27.3
甲基丙烯腈	0.800	1.10	27.0
丙烯酸甲酯	0.952	1.223	22.1
醋酸乙烯酯	0.934	1.191	21.6
丁二酸二烯丙基酯	1.056	1.30	18.8
甲基丙烯酸乙酯	0.911	1.11	17.8
马来酸二烯丙基酯	1.077	1.30	17.2
丙烯酸乙酯	0.919	1.095	16.1
丙烯酸正丁酯	0.894	1.055	15.2
甲基丙烯酸正丙酯	0.902	1.06	15.0
苯乙烯	0.905	1.062	14.5
甲基丙烯酸正丁酯	0.889	1.055	14.3
甲基丙烯酸甲酯	0.940	1.179	20.6

附录四 常用冷却剂的配方

配 方	冷却温度/℃
冰水混合物	0
冰(100 份)-氯化铵(25 份)	−15
冰(100 份)-硝酸钠(50 份)	−18
冰(100 份)-氯化钠(33 份)	−21
冰(100 份)-氯化钠(40 份)-氯化铵(20 份)	−25
冰(100 份)-六水氯化钙(100 份)	−29
冰(100 份)-碳酸钾(33 份)	−46
冰(100 份)-六水氯化钙(143 份)	−55
干冰-乙醇	−70
干冰-丙酮	−76
液氮-丙酮	−76

附录五 聚合物的特性黏数-分子量关系相关的常数

聚合物	溶剂	温度/℃	$K(\times 10^3)$	α	是否分级	测定方法	分子量/10^3
LDPE	十氢萘	135	67.7	0.67	—	LS	3~100
HDPE	十氢萘	70	38.7	0.738	分	OS	0.26~3.5
		135	46	0.73	分	LS	2.5~64
APP	十氢萘	135	15.8	0.77	分	OS	2.0~40
IPP	十氢萘	135	11.0	0.80	分	LS	2.0~62
SPP	庚 烷	135	10.0	0.80	分	LS	10~100
PVC	环己酮	25	204	0.56	分	OS	9~45
	四氢呋喃	25	49.8	0.69	分	LS	1.9~15
		30	63.8	0.65	分	LS	3~32
PS	苯	25	9.18	0.743	分	LS	3~70
		25	11.3	0.73	分	OS	7~180
	氯仿	25	11.2	0.73	分	OS	7~150
		30	4.9	0.794	分	OS	19~273
	甲苯	25	13.4	0.71	分	OS	7~150
		30	9.2	0.72	分	LS	4~146
PS(阴)	苯	30	11.5	0.73	分	LS	25~300
PS(阳)	甲苯	30	8.8	0.75	分	LS	25~300
IPS	甲苯	30	11.0	0.725	分	OS	3~37

聚合物	溶 剂	温度/℃	$K(\times 10^3)$	α	是否分级	测定方法	分子量/10^3
PMMA	氯仿	25	4.8	0.80	分	LS	8～140
	苯	25	4.68	0.77	分	LS	7～630
	丁酮	25	7.1	0.72	分	LS	41～340
	丙酮	20	5.5	0.73	—	SD	4～800
		25	7.5	0.70	分	LS，SD	2～740
		30	7.7	0.70	—	LS	6～263
PVAc	丙酮	25	19.0	0.66	分	LS	4～139
	苯	30	56.3	0.62	分	OS	2.5～86
	丁酮	25	42	0.62	分	OS，SD	1.7～120
PAN	二甲基甲酰胺	25	16.6	0.81	分	SD	4.8～27
		25	24.3	0.75	—	LS	3～26
		35	27.8	0.76	分	DV	3～58
PVA	水	25	459.5	0.63	分	黏度	1.2～19.5
		30	66.6	0.64	分	OS	3～12
CN	丙酮	25	25.3	0.795	分	OS	6.8～22.4
	环己酮	32	24.5	0.80	分	OS	6.8～22.4
NR	苯	30	18.5	0.74	分	OS	8～28
	甲苯	25	50.2	0.667	分	OS	7～100
SBR	苯	25	52.5	0.66	分	OS	1～100
	甲苯	25	52.5	0.667	分	OS	2.5～50
		30	16.5	0.78	分	OS	3～35
PET	苯酚-四氯乙烷	25	21.0	0.82	分	E	0.5～3
聚二甲基硅氧烷	甲苯	25	21.5	0.65	—	OS	2～130
	丁酮	30	48	0.55	分	OS	5～66
PC	氯仿	25	12.0	0.82	分	LS	1～7
	二氯甲烷	25	11.0	0.82	分	SD	1～27
POM	二甲基甲酰胺	150	44	0.66	—	LS	8.9～28.5
5-聚环氧乙烷	甲苯	35	14.5	0.70	—	E	0.04～0.4
	水	30	12.5	0.78	—	S	10～100
		35	16.6	0.82	—	E	0.04～0.4
尼龙-66	邻氯苯酚	25	168	0.62	—	LS，E	1.4～5
	间甲苯酚	25	240	0.61	—	LS，E	1.4～5
	甲酸(90%)	25	35.3	0.786	—	LS，E	0.6～6.5
聚己内酰胺	间甲苯酚	25	320	0.62	分	E	0.05～0.5
	甲酸(85%)	25	22.6	0.82	分	LS	0.7～12
尼龙-610	间甲苯酚	25	13.5	0.96	—	SD	0.8～2.4

注：测定方法一栏中，OS代表渗透压法；LS代表光散射法；E代表端基滴定法；SD代表超速离心和扩散法；DV代表扩散和黏度法。

附录六 乳化剂及其临界浓度

分　类		乳化剂		在水中的临界浓度 /(mol/L)	质量分数 /%
阴离子型	羧酸盐(RCOONa)	月桂酸钾		0.0125	0.30
		硬脂酸钾		0.0005	0.016
		油酸钾		0.0012	0.04
		松香酸钾		0.012	0.39
	磺酸盐(RSO$_3$Na)	对十二烷基苯磺酸钠		0.0016	0.055
		十二烷基磺酸钠		0.0095	0.26
	硫酸酯盐(ROSO$_3$Na)	月桂醇硫酸钠盐		0.0087	0.25
阳离子型	季铵盐	十六烷三甲基溴化铵		0.001	0.036
	伯铵盐 RNH$_2$NCl	十二烷胺盐酸盐		0.014	0.31
非离子型	烷基酚环氧乙烷 加成物	辛基酚聚乙二醇醚($n=9$)		0.0002	0.012
		壬基酚聚乙二醇醚($n=30$)		0.00025	0.026
	多元醇的烷基醚	山梨醇月桂酸单酯		0.002	0.067

附录七 常用氧化还原引发剂及其分解活化能

氧化还原体系	过氧化物	还原剂	E_d/(kJ/mol)
$H_2O_2 + Fe^{2+}$	过氧化氢	$FeSO_4$、亚硫酸盐、酸式硫酸盐	39.3
$S_2O_3{}^{2-} + Fe^{2+}$	国硫酸钾(铵)	$NaHSO_4$、$FeSO_4$、Na_2SO_3、肼	50.6
$S_2O_8{}^{2-} + HSO_3{}^{-}$	过氧化二苯甲酰	$NaHSO_4$、$FeSO_4$、N,N-二甲基对甲苯胺	41.8
$PhC(CH_3)_2OOH + Fe^{2+}$	异丙苯过氧化氢	一元胺、多元胺、Fe^{2+}、雕白粉	50.6

附录八 常用的链转移常数

1. 引发剂的链转移常数 C_I

引发剂	单　体	温度/℃	链转移常数 C_I
过氧化苯甲酰	苯乙烯	60	0.101
		70	0.12
		80	0.13
	甲基丙烯酸甲酯	60	0
	顺丁烯二酸酐	75	2.63
		60	0.09
偶氮二异丁腈	苯乙烯	50	0.0
		60	0.012
	甲基丙烯酸甲酯	60	0
2,4-二氯过氧化苯甲酰	顺丁烯二酸酐	60	0.17

2. 溶剂或分子量调节剂的链转移常数 C_S

试剂	苯乙烯	甲基丙烯酸甲酯	乙酸乙烯酯
苯	$0.018×10^4$	$0.04×10^4$	$1.07×10^4$
甲苯	$0.125×10^4$	$0.17×10^4(80℃)$	$20.9×10^4$
乙苯	$0.67×10^4$	$1.35×10^4(80℃)$	$55.2×10^4$
环己烷	$0.024×10^4$	$0.10×10^4(80℃)$	$7.0×10^4$
二氯甲烷	$0.15×10^4$	$0.76×10^4$	$4.0×10^4$
三氯甲烷	$0.5×10^4$	$0.45×10^4$	0.0125
四氯化碳	$92×10^4$	$5×10^4$	0.96
正丁硫醇	22	0.67	50
正十二硫醇	19		

3. 单体的链转移常数 C_M

单体	温度/℃	链转移常数 C_M
苯乙烯	27	$0.31×10^4$
	50	$0.62×10^4$
	60	$0.79×10^4$
	70	$1.16×10^4$
	90	$1.47×10^4$
甲基丙烯酸甲酯	50	$0.15×10^4$
	60	$0.18×10^4$
	70	$0.23×10^4$
	80	$0.25×10^4$
	100	$0.38×10^4$
丙烯腈	60	$0.26×10^4$
氯乙烯	80	$12.3×10^4$
顺丁烯二酸酐	75	$750×10^4$
乙酸乙烯酯	50	$0.25×10^4$
	60	$2.5×10^4$

附录九　常用引发剂分解速率常数、活化能及半衰期

引发剂	t_1/℃	溶剂	K_d/s^{-1}	$t_{1/2}$/h	E_d/(kJ/mol)	t_2/℃	t_3/℃
过氧化苯甲酰	49.4	苯乙烯	$5.28×10^{-7}$	364.5	124.3(60℃)	25	60~100
	61.0		$2.58×10^{-6}$	74.6			
	74.8		$1.83×10^{-5}$	10.5			
	100.0	苯	$4.58×10^{-4}$	0.42			
	60.0		$2.0×10^{-6}$	96.0			
	80.0		$2.5×10^{-5}$	7.7	124.3		
	85.0		$8.9×10^{-5}$	2.2			

续表

引发剂	$t_1/℃$	溶　剂	K_d/s^{-1}	$t_{1/2}/h$	$E_d/(kJ/mol)$	$t_2/℃$	$t_3/℃$
过氧化二(2-甲基苯甲酰)	50	苯乙酮	$6.0×10^{-5}$	3.2	113.8	5	
	70		$9.02×10^{-5}$	2.1	126.4		
	80		$2.15×10^{-5}$	0.09			
过氧化二(2,4-二氯苯甲酰)	34.8	苯乙烯	$3.88×10^{-6}$	49.6	117.6(50℃)	20	30~80
	49.4		$2.39×10^{-5}$	8.1			
	61.0		$7.78×10^{-5}$	2.5			
	74.0		$2.78×10^{-4}$	0.69			
	100		$4.17×10^{-3}$	0.046			
过氧化二碳酸二环己酯	50	苯	$5.4×10^{-5}$	3.6		5	
过氧化二碳酸二异丙酯	40	苯	$6.39×10^{-6}$	30.1	117.6(40℃)	−10	
	54		$5.0×10^{-5}$	3.85			
过氧化特戊酸叔丁酯	50	苯	$9.77×10^{-6}$	19.7	119.7	0	
	70		$1.24×10^{-4}$	1.6			
	85		$7.64×10^{-4}$	0.25			
过氧化苯甲酸叔丁酯	100	苯	$1.07×10^{-5}$	18	145.2	20	
	115		$6.22×10^{-5}$	3.1			
	130		$3.50×10^{-4}$	0.6			
叔丁基过氧化氢	154.5	苯	$4.29×10^{-6}$	44.8	170.7	25	20~60
	172.3		$1.09×10^{-5}$	17.7			
	182.6		$3.1×10^{-5}$	6.2			
异丙苯过氧化氢	125	甲苯	$9.0×10^{-6}$	21	101.3	25	
	139		$3.0×10^{-5}$	6.4			
	182		$6.5×10^{-5}$	3.0			
过氧化二异丙苯	115	苯	$1.56×10^{-5}$	12.3	170.3	25	120~150
	130		$1.05×10^{-4}$	1.8			
	145		$6.86×10^{-4}$	0.3			
偶氮二异丁腈	70	甲苯	$4.0×10^{-5}$	4.8	121.3	10	50~90
	80		$1.55×10^{-4}$	1.2			
	90		$4.86×10^{-4}$	0.4			
	100		$1.00×10^{-3}$	0.1			
偶氮二异庚腈	69.8	甲苯	$1.98×10^{-4}$	0.97	121.3	0	20~80
	80.2		$7.1×10^{-4}$	0.27			

注：t_1 为反应温度；t_2 为储存温度；t_3 为一般使用温度。

附录十 实验报告模板

实验名称			
学生姓名		班级	
项目	实验目的、原理、试剂和仪器、实验步骤	数据记录及处理、结果与讨论、思考题	原始记录、书写	总分
实验分数	满分 30	满分 50	满分 20	100

一、实验目的

二、实验原理

三、试剂和仪器

四、实验步骤

五、数据记录及数据处理

六、结果与讨论

七、思考题

第二部分
高分子物理实验

实验一 偏光显微镜法测高聚物球晶形态

一、实验目的

本实验是将熔融高聚物进行缓慢降温处理，使其生成较大球晶，用偏光显微镜观察球晶形态和测量球晶大小。通过本实验掌握球晶的制备、球晶的形态和双折射性质及偏光显微镜的结构和使用方法等有关知识，并能对测试结果进行综合分析、归纳和总结，能够理解其局限性。

二、实验原理

晶体和无定形体是高聚物聚集状态的两种基本形式，很多高聚物都能生成晶体。高聚物晶体从形态上看有单晶、球晶、纤维晶、串晶、须晶等。在片状单晶体中，分子链垂直于晶体表面；在纤维晶和须晶中，分子链沿着纤维轴方向排列。高聚物从熔融状态冷却时主要生成球晶，有时也可以用高聚物溶液缓慢蒸除剂的办法得到球晶，因此球晶是高聚物晶体的主要形式，对高聚物制品的性能有很大影响。球晶是以晶核为中心向周围呈放射状增长构成球形而得到的，是"三维结构"。在极薄的试片中，球晶也可以近似地看成圆盘形的二维结构，是多晶体。它是由分子链构成晶胞，晶胞堆积构成晶片，晶片再重叠起来构成微纤束，并沿着半径方向向周围增长而形成的，晶片间存在着结晶缺陷，微纤束之间存在着无定形杂物。球晶的大小取决于高聚物的分子结构及结晶条件，因高聚物种类和结晶条件的不同，尺寸差别很大，直径可以从微米级到毫米级，甚至可以到 1cm，球晶分散存在于无定形高聚物中。一般来说无定形是连续相，球晶是分散相，当结晶程度很大时，球晶的周边可以相交而成为不规则的多边形。球晶具有光学各向异性，对光线有折射现象，因此能够用偏光显微镜进行观察，另外还可以观察到球晶的黑十字消光图像。有些高聚物生成球晶时，晶片在沿着半径增长的过程中可以进行螺旋形扭曲，因此也可以在偏光显微镜下看到同心圆消失图像。

三、实验仪器与试剂

仪器：热台、偏光显微镜。

样品：聚乙烯。

偏光显微镜的构造和使用方法如下。

（1）构造 偏光显微镜是一种精密的光学仪器。有一套光学放大系统和两个偏振片可用来对结晶物质的形态进行观察和测量，目前偏光显微镜的形式和牌号很多，但基本构造相同。本实验所用偏光显微镜结构包括仪器底座、视场光（内有照明灯泡）、粗动调焦手轮、微动调焦手轮、起偏振片（起偏器）、聚光镜、旋转工作台（载物台）、物镜、检偏振片（检偏器）、目镜、视镜调节手轮。

（2）使用方法 在使用之前首先要对光，此时可装上低倍物镜和目镜，推出起偏振片，启动场光阑，使在目镜中看到的视域为最亮，再推进起偏振片，使在两个偏振片正交时于目镜中看到最暗的视域；其次是对焦，将制好的试片置于载物台上，旋转粗调手轮，使物镜下降到接近试片表面（且勿触及试片），通过目镜仔细观察，并慢慢提升镜筒，直到看到物像以后，再转动微调手轮，使物像达到最清楚为止，此时偏光显微镜即处于可用状态，用毕后，按取用时状态放好。

四、实验步骤

(1) 将热台升温到 200℃，放上盖玻片，再放上少量聚乙烯样品，待样品熔化后再盖上一片盖玻片，压制约 1min，制成试片。

(2) 将聚乙烯试片依据不同的冷却方式(自然冷却、快速冰水冷却和 60℃温水冷却等)降温至室温，制备成不同试样。

(3) 把偏光显微镜调到可用状态后，将上述处理的聚乙烯试样放在载物台上观察球晶状态，并测量聚乙烯球晶直径。

五、注意事项

(1) 压制试片时要严格控制温度，温度太高，聚乙烯裂解变黄；温度过低，部分样品未熔化，试样不均匀。

(2) 偏光显微镜是精密的光学仪器，操作时要十分小心，不要随意拆卸零件，不可手摸或用硬物擦试镜头。

(3) 制备球晶的方法很多，可以根据高聚物品种和实际需要选择，不必受本实验所列方法的限制。制备较大的球晶时应选择接近熔点的温度长时间保温，使晶核少而球晶可以长大；结晶温度越低（但要高于玻璃化转变温度），保温时间越短，所得球晶越小。

六、思考题

(1) 为什么说球晶是多晶体？
(2) 解释球晶在偏光显微镜中出现十字消光图像和同心圆消光图像的原因。
(3) 说明选择结晶温度的理论依据。

实验二　小角激光光散射法观察聚合物球晶

一、实验目的

(1) 了解 SALS-ⅢD 小角激光光散射仪的构造，学会正确使用 SALS-ⅢD 小角激光光散射仪，并掌握其操作方法。

(2) 用小角激光光散射法（SALS）测定聚合物的球晶半径，能够进行实验设计、分析和解释数据。

二、实验原理

根据光散射理论，当光波进入物体时，在光波电场作用下，物体产生极化现象，出现由外电场诱导而形成的偶极矩。光波电场是一个随时间变化的量，因而诱导偶极矩也就随时间变化而形成一个电磁波的辐射源，由此产生散射光。光波在物体中的散射，根据谱频的 3 个频段可分为瑞利（Rayleigh）散射，拉曼（Raman）散射和布里渊（Brillouin）散射。而 SALS 法是可见光的瑞利散射。它是由于物体内极化率或折射率的不均一性引起的弹性散射，即散射光的频率与入射光的频率完全相同（拉曼散射和布里渊散射都涉及频率的改变）。

图 2-1 为 SALS 法原理示意图。当在起偏镜和检偏镜之间放入一个结晶聚合物样品时，入射偏振光将被样品散射成某种花样图。图中的 θ 角为入射光方向与被样品散射的散射光方向之间的夹角，简称为散射角，μ 角为散射光方向在 YOZ 平面（底片平面）上的投影与 Z

轴方向的夹角，简称方位角。

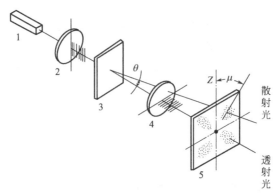

图 2-1　SALS-ⅢD 小角激光光散射仪原理示意图

1—激光器；2—起偏镜；3—载玻片以及附着在载玻片上的样品；4—检偏镜；5—底片

当起偏镜与检偏镜的偏振方向均为垂直方向时，得到的光散射图样叫做 V_v 散射，当两偏光镜正交时，得到的光散射图叫做 H_v 散射。图 2-1 所示即 H_v 散射。对 SALS 散射图形的理论解释目前有模型法和统计法两种。统计法计算复杂，应用也不广泛暂不做介绍。

模型法是斯坦和罗兹（Rhodes）从处于各向同性介质中均匀的各向异性球模型出发来描述聚合物球晶的光散射，根据瑞利-德拜-甘斯（Rayleigh-Debye-Gans）散射的模型计算法可以得到如下的 V_v 和 H_v 散射强度公式：

$$I_{V_v} = AV_0^2\left(\frac{3}{U^3}\right)^2\left[(\alpha_i-\alpha_s)(2\sin U-U\cos U-SiU)+(\alpha_r-\alpha_s)(SiU-\sin U)+\right.$$

$$\left.(\alpha_r-\alpha_i)\cos^2\frac{\theta}{2}\cos^2\mu\times(4\sin U-U\cos U-3SiU)\right]^2 \tag{2-1}$$

$$I_{H_v} = AV_0^2\left(\frac{3}{U^3}\right)^2\left[(\alpha_i-\alpha_r)\cos^2\frac{\theta}{2}\sin\mu\cos\mu\times(4\sin U-U\cos U-3SiU)\right]^2 \tag{2-2}$$

式中，I 为散射光强度；V_0 为球晶体积；α_i 和 α_r 分别为球晶在切向和径向的极化率；α_s 为环境介质的极化率；θ 为散射角；μ 为方位角；A 为比例常数。SiU 为一正弦积分，定义为 $SiU=\int_0^U\frac{\sin x}{x}\mathrm{d}x$；$U$ 为形状因子。对于半径为 R_0 的球晶有：

$$U=\left(\frac{4\pi R_0}{\lambda'}\right)\sin\left(\frac{\theta'}{2}\right) \tag{2-3}$$

式中，λ' 和 θ' 分别为光在聚合物中的波长和散射角。

从式（2-1）和式（2-2）可以看出 V_v 散射强度与 $(\alpha_i-\alpha_s)$、$(\alpha_r-\alpha_s)$ 和 $(\alpha_r-\alpha_i)$ 三项都有关，H_v 散射强度只与球晶的光学各向异性项 $(\alpha_i-\alpha_r)$ 有关，而与周围介质无关。此外，H_v 散射强度以 $\cos\mu\sin\mu$ 的形式随方位角 μ 而变化，故典型的 H_v 散射花样图是对称性很好的四叶瓣图形，且从 $\cos\mu\sin\mu=0.5\sin2\mu$ 可知，对于某一固定的散射角 θ，当 $\mu=45°$、$135°$、$225°$ 和 $315°$ 时散射强度最大。当 $\mu=90°$、$180°$、$270°$、$360°$，$\cos\mu\sin\mu=0$，$I_{H_v}=0$，故 H_v 散射图是对称的四叶瓣。V_v 散射图像呈二叶瓣形状。而当各向异性项贡献很小时，也可呈圆对称性。塞缪尔斯（Samuels）计算了全同立构聚丙烯薄膜 SALS 的理论值，并用等强度线画出，理论花样和实验 SALS 花样非常一致。当然，实际的测定和理论的计算总会有些偏差。由于在进行理论上的计算时既没有考虑球晶间的相互作用，也没有考虑球晶内部密度和各向异性起伏对散射的影响，在 θ 角很小或较大时，实验光强度值比理论光强度值要大些。

通过实验得到的 H_v 散射花样，可以方便地计算出球晶半径 R_0。对于某一固定方位角 μ 而言，式(2-2)中的 V_0、$\alpha_i - \alpha_r$、$\cos\mu$ 和 $\sin\mu$ 为常数，并在小角度测定的情况下，$\cos^2(\theta/2)$ 接近于1，于是式(2-2)可改写为：

$$I_{H_v} = \frac{B}{U^3}(4\sin U - U\cos U - 3SiU) \tag{2-4}$$

式中，B 为常数。从式(2-4)可以得散射光强 I_{H_v} 在极大值时 $U_m = 4.09$，代入式(2-3)，得：

$$R_0 = \frac{4.09\lambda'}{4\pi\sin\left(\dfrac{\theta'_m}{2}\right)} \tag{2-5}$$

θ'_m 为光强极大时聚合物中的散射角。根据折射定律：$\sin\theta'_m = \dfrac{1}{n}\sin\theta_m$，$\lambda' = \dfrac{1}{n}\lambda$。

$$R_0 = \frac{4.09\lambda_a}{4\pi\sin\left(\dfrac{\theta_{m,a}}{2}\right)} = \frac{0.206\mu}{\sin\left(\dfrac{\theta_{m,a}}{2}\right)} \tag{2-6}$$

式中，n 为聚合物的折射率；$\theta_{m,a}$ 为已经经过聚合物折射的散射角；λ_a 为光在空气中的波长。一般情况下可以用空气中的散射角 $\theta_{m,a}$，用氦氖激光器作光源，$\lambda_a = 0.6328\mu$。

对照相法所摄底片上的 H_v 散射花样图进行光密度的测定：

$$\theta_{m,a} = \tan^{-1}\frac{d}{L}$$

式中，d 为 H_v 图中心到最大散射强度位置的距离，L 为样品到照相底片中心的距离。确定出 $\theta_{m,a}$，计算出球晶半径。从式(2-6)可看到，$\theta_{m,a}$ 越大，则对应的球晶半径越小。在球晶尺寸较小时，使用光学显微镜不方便的情况下，此法可以很快得到球晶的尺寸数据。必须注意的是，所得 R_0 值是样品中尺寸不同的球晶的统计平均结果。若在结晶过程中摄取散射图形随时间的变化，可求得球晶的生长速率。薄膜拉伸过程中球晶形变，发生形变的球晶的形状因子就不能再用式(2-3)表示。对受单向拉伸的球晶而言，它的形状因子可以表达为：

$$U = \left(\frac{4\pi R_0 \lambda_s^{-1/2}}{\lambda'}\right)\sin\left(\frac{\theta}{2}\right)\left[1 + (\lambda_s^3 - 1)\cos^2\frac{\theta}{2}\cos^2\mu\right]^{1/2} \tag{2-7}$$

式中，λ_s 为拉伸比（样品拉伸前后的长度比）；R_0 为球晶初始半径（未形变前的半径）。与未形变球晶不同，形变球晶的 H_v 散射花样在不同的方位角 μ 有着不同的 $\theta_m/2$。那么，可以选定两个不同的方位角 μ_1 和 μ_2，再测定相对应的两个 θ_m 值：$\theta_{m,1}$ 和 $\theta_{m,2}$，将其数值代入式(2-7)解联立方程求得样品拉伸比 λ_s。

三、实验仪器

本实验用东华大学研制的 SALS-ⅢD 小角激光光散射仪，其结构示意图如图 2-2 所示。

四、实验步骤

依次打开电源、光源、结晶炉、熔融炉开关，指示灯亮。根据不同的聚合物设定结晶温度、熔融温度（聚丙烯 PP 结晶温度 110℃、熔融温度 280℃；PET 的结晶温度 180℃、熔融温度 320℃）。

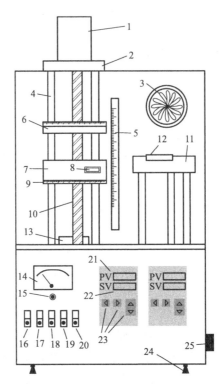

图 2-2　SALS-ⅢD 小角激光光散射仪结构示意图

1—C-II-3M 型高分辨率摄像头；2—毛玻璃镜片（滤色片）；3—风扇；4—结晶炉支柱；5—刻度尺；6—检偏镜；
7—结晶炉（样品台）；8—结晶炉槽口；9—样品台行程标尺；10—升降螺旋柱；11—熔融炉；12—熔融炉槽口；
13—起偏镜；14—电流表；15—电流表调节旋钮；16—电源开关；17—冷却开关；18—光源开关；
19—结晶炉开关；20—熔融炉开关；21—实际温度值数显；22—设定温度值数显；
23—结晶炉温度控制按钮；24—撑地支架；25—电源接头

打开电脑软件，调整光源红点到屏幕中央，调整光源亮度。

首先取一载玻片放在熔融炉槽口内，当熔融炉温度达到平衡，取一粒样品放在熔融炉的载玻片上，等其熔化将另一载玻片压在粒料上，均匀施压，使其制成薄厚均匀而且无气泡的薄片，样品的薄厚对实验的效果有较大的影响，样品太厚，透射光和散射光会很弱，而且会因多次散射效应使散射图像变得弥散（所谓多次散射就是由入射光引起的散射在散射体内引起二次散射），接着将其放入结晶炉。

点击电脑软件中的"开始实验"按钮，开始录像，在电脑上观察其变化。球晶形成并不再变化后，点击停止实验，保存实验数据。

五、实验结果及数据处理

1. 视频采集

在视频预览框内点击"开始"，光斑位置通过 X、Y 调整，使之位于图像中央。在材料实验框内选择"输入数据"，出现输入框，逐项填入相关实验数据。相关实验数据填入完毕，点击"确定"按钮，把制作好的实验薄膜试样放入结晶炉，同时在材料实验框内选择"开始实验"。实验材料结晶过程开始，摄像头自动摄像，最终显示屏上出现 SALS 完整结晶图像。调整摄像头位置，使 SALS 结晶花瓣呈正交。在材料实验框内点击"停止实验"，出现"另存为"对话框，在对话框内点击"保存"，计算机自动保存全部实验图像。

2. 视频编辑

点击"视频编辑"，在视频文件框内选择"打开"，出现打开对话框，点击"实验日期"使之成为文件名，点击"打开"，计算机自动播放该实验日期的结晶实验过程，同步在显示屏上显示。若要删除初始阶段的实验时间，应在视频文件框内点击"暂停"。在有效起始时间框内，写入需要删除的初始实验时间，点击"修正"，出现"另存为"对话框。点击"保存"，出现"修正成功"对话框，点击"确定"，完成修改。

在捕捉图像框内，分别点击"当前图像""首张图像""末张图像"和"指定图像"，这样，在显示屏就出现了所需要的图像，如果对该图像进行保存，可点击"保存图像"—"另存为"—"保存"。

3. 图像编辑

点击"图像编辑"，在文件框内点击"开始"，选择所需要的图像文件，点击"打开"。

在图像框中，按如下步骤进行操作。

点击"直线"，并把鼠标拖到图像中，画出直线和相应的光强度。点击"平行线"，把鼠标拖到图像中，画出垂直于直线的两条平行线及平行线之间的距离。

点击"矩形"，把鼠标拖到图像中，画出矩形和相应的光强度。

点击"椭圆"，把鼠标拖到图像中，画出椭圆和相应的光强度。

点击"注释"，在属性框内的文字栏中，写入相应的内容。

在文件框内点击"保存"，出现"另存为"对话框，在该对话框内点击"保存"，出现"保存成功"提示，点击"确定"，完成保存。

在文件框内点击"打开"，出现打开对话框，选择所需要的图像名称，再点击"打开"，便出现所需编辑的图像。

用鼠标右键点击图像中的光强度曲线，然后在图谱框内点击"光强度图谱"，同时，在该界面的右上方绘制曲线框内，分别点击"光强度""柱状图""折线图"，可对其进行相应转换。在打印框内，点击"打印预览""打印"，可实现上述三种图谱的打印预览和打印。

在图谱框内点击"关闭"后，再在编辑框中选择"删除""撤销""恢复"，可对其进行修改。

在文件框内选择"导出"，出现"另存为"对话框，在该对话框中点击"保存"，在图谱框内选择"关闭"，同时使该软件退到最小化，双击桌面上"我的电脑"，按照保存路径找到该文件，便可得到该文件的光强度（像素值）的参数。

恢复软件界面，在图像框内点击"图像画圆"，可以对结晶图像边缘画圈，去掉圈外黑色底，使打印效果更佳。

在缩放框内点击"放大""缩小"，可以使结晶图像进行放大或者缩小，一般情况下，结晶图像应处于不缩放图像状态。

在打印框内点击"打印预览"，可对被打印的内容进行预览，连接打印机，点击"打印"可打印所需要的内容，点击"实验报告首页"，可以打印实验报告。在属性框内，颜色、粗细、字体、字号、一般都不需要擅自改变。

4. 图像曲线

点击"打开"后，在打开对话框点击所需要的实验文件，再点击"打开"，设置实验结晶参数，生成球晶半径-结晶温度曲线图谱。

做延长率实验时，参照上述方法生成生成球晶半径-结晶温度曲线图谱。

点击"写入"后，可手动写入 R、T、σ 参数，模拟产生上述两种图谱，供实验参考使用。点击"导入"、"导出"后，可实现所有实验数据的互换，从而得到不同的上述两种图谱。点击"打印"，打印上述两种图谱。

5.退出系统

完成所有实验后，点击"退出系统"，软件便退出实验界面。

六、注意事项

本仪器适宜表征的聚合物结构单元的大小在 $10^{-10} \sim 10^{-8}$ m 之间。

七、思考题

(1) 与光学显微镜相比，用小角激光光散射法研究结晶态聚合物的球晶结构有什么优点？
(2) 你还知道哪些小角激光光散射法在固体聚合物研究中的应用。
(3) 为什么球晶半径越小，散射图形越大？

实验三　橡胶表面电阻率与体积电阻率的测定

一、实验目的

(1) 掌握用数字超高阻计测定聚合物表面电阻率与体积电阻率的方法，并了解表面电阻率与体积电阻率的基本定义。
(2) 掌握聚合物的导电性与分子结构的关系。

二、实验原理

橡胶作为一种优良的绝缘材料，在各个领域里日益广泛地被使用，随着科学技术的发展，对橡胶的绝缘性能也提出一些特殊的要求。如何知道一种橡胶绝缘性能的好坏呢？用数字超高阻计测定它们的表面电阻率与体积电阻率就是一种很重要和常用的手段。

1.体积电阻 R_V 和体积电阻率 ρ_V

在两电极间嵌入一个试样，使他们很好地接触，施于两电极上的直流电压与流过它们之间试样体积内的电流之比称为体积电阻 R_V，由 R_V 及电极和试样尺寸算出的比例系数称为体积电阻率。

2.表面电阻 R_s 和表面电阻率 ρ_s

在试样的一个表面上放置两个电极，施于电极间的直流电压与沿两极间的试样表面所成的比值称为表面电阻 R_s，由 R_s 及表面上电极尺寸算出的比例系数称为表面电阻率 ρ_s。
橡胶的表面电阻率与体积电阻率越大，其绝缘性能也就越好。
橡胶的表面电阻率与体积电阻率的大小，除了取决于橡胶的结构和组成外，还与测试的电压、温度和试样的表面状况及处理条件有关。尤其是环境温度对其表面电阻的影响很大。

三、实验仪器

EST121 型数字超高阻计。
(1) 概述　EST121 型数字超高阻计既可测量超高电阻，又可测量极微电流。采用了大规模集成电路，仪器体积小、质量轻、准确度高。机内测试电压为 DC10V/50V/100V/250V/500V/1000V。适用于防静电产品及防静电活动等电阻值的检验，一级绝缘材料和电子电器产品的绝缘电阻测量。

（2）工作原理　根据欧姆定律，被测电阻 R_x 等于施加电压 U 除以通过的电流 I。即

$$R_x = \frac{U}{I}。$$

ETS121 型数字超高阻计是同时测出电阻两端的电压 U 和流过电阻的电流 I，通过内部大规模集成电路完成电压除以电流的计算，然后把所得到的结果通过 A/D 转换后以数字显示出电阻值，即便电阻两端的电压 U 和流过电阻的电流 I 是同时变化的，其显示的电阻值基本变化不大。从理论上讲其误差为零。

电阻测量范围为 $1 \times 10^4 \sim 1 \times 10^{18} \Omega$；电流测量范围为 $2 \times 10^4 \sim 1 \times 10^{16}$ A。

四、实验步骤

（1）接好电源线和测试线，确保电源为 220V，50Hz。

将测试线（红线为高压线，接红色接线柱；屏蔽线接电流输入端）与待测试器件连接好，根据不同的测量可使用不同的电极；连接测试样品时要关电源，以防测试电压对实验人员造成危险。电极配置如图 2-3 所示。

（2）量程置于 10^4 档。

（3）选择合适的测量电压。电压选择开关在后面板，注意在测试过程中不要随意改动测量电压，可能因电压过高或电流过大损坏被测试件或测试仪器。

（4）接通电源。

（5）调零。在 R_x 两端开路的情况下（或不接测试线时），调零使电流表的显示为 0000。注意 R_x 两端接在电阻箱或被测物体上调零后测量会产生很大误差。一般一次调零后在测试过程中不需再调零。

（6）测试。测量时从低档位逐渐向高档位调，每调一次稍停留 $1 \sim 2$s 以便观察显示数字。

当被测电阻大于仪器测量量程时，电阻表显示 "1"，此时应继续调节。当测量仪器有显示值时应停止调节，当前的数字乘以档次即为被测电阻值。当有显示数字时不要继续向高档位调，否则仪器会过量程，机内的保护电路开始工作，仪器测量的准确度会下降。

（7）测试完毕，将量程调至 10^4 档后关闭电源。

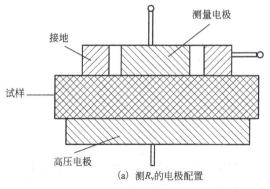
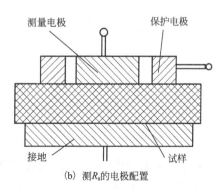

图 2-3　电极配置

五、注意事项

（1）开机前将量程开关拨到调零位置。

（2）测试过程中不能改变测试电压。

（3）测试过程中不能改变屏蔽箱上体积电阻、表面电阻测试开关。

（4）测试过程中有电阻读数后继续拨到高电阻量程。

（5）测试过程中不能触摸微电流测量线（绿）。

（6）该实验装置使用高电压，操作者必须严格遵守操作规程，以保证安全。

六、实验结果及数据处理

体积电阻率 ρ_V 和表面电阻率 ρ_s 的计算。根据测得的体积电阻 R_V，可依据式（2-8）计算相应的体积电阻率 ρ_V。

$$\rho_V = R_V \frac{A}{h} \tag{2-8}$$

$$A = \frac{\pi}{4}(d_1 + g)^2 \tag{2-9}$$

式中，d_1 为测量电极的直径，$d_1 = 5\text{cm}$；h 为绝缘材料试样厚度，cm；A 为测量电极的有效面积；g 为测量电极与保护电极之间距离，$g = 0.2\text{cm}$。

根据测得的表面电阻 R_s，可依照式（2-10）计算相应的表面电阻率 ρ_s。

$$\rho_s = R_s \frac{C}{g} \tag{2-10}$$

$$C = \pi(d_1 + g) \tag{2-11}$$

式中，C 为被保护电极的有效周长，cm；g 为测量电极与保护电极之间距离，$g = 0.2\text{cm}$。d_1 为测量电极的直径，$d_1 = 5\text{cm}$。

七、思考题

（1）为什么测量时仪器的读数总是不稳定？

（2）为什么在测量同一物体时，用不同的电阻量程有不同的读数？

（3）用测试结果说明高分子材料的导电性与分子结构的关系。

实验四　塑料熔体质量流动速率的测定

一、实验目的

（1）掌握（热塑性）塑料熔体质量流动速率（MFR）的测定方法。

（2）掌握熔体流动速率试验机的操作方法。

（3）掌握 MFR 值在塑料成型加工中所起的作用。

二、实验原理

熔体质量流动速率是评价热塑性塑料（特别是烯烃类聚合物）流动性的一种表征。它是以塑料熔体在一定温度、压力下，每 10min 通过标准毛细管的质量来表示的。其量纲名称为 g/10min。

熔体流动速率试验机测定的 MFR 值不存在广泛的应力-应变速率关系，所以不能测定塑料的黏度和研究塑料熔体的流变性质。但是在加工方面我们可以利用熔体质量流动速率来指导工艺和加工工程中各工艺参数的选择，可以比较同种聚合物分子量的大小，方便地表示其流动性的高低，这在加工过程中是具有实际价值的。

三、实验仪器和试剂

ZRZ1452 熔体流动速率试验机。

试样：PE，4g。

天平（精度为 0.0001g）1 台；天平（精度为 0.1g）1 台；镊子 1 只；料杆 1 支；加料杆 1 支；清洗棒 1 支；口模 1 个；砝码 1 套；纱布若干。

四、实验步骤

（1）将仪器安放于稳固的平台上，调整支足，校准仪器的水平，将口模及料杆放入料筒中。

（2）打开仪器电源开关，设定温度控制在 190℃。此时熔腔自动升温，达到设定温度时，保温 15～30min 进行实验。

（3）选择实验条件（选定载荷 2.16kg）。

（4）参数设置见表 2-1。

表 2-1　参数设置

上排数码管显示		下排数码管显示	操作
0		1　时钟	表示系统初始状态。按下"SET"键进入实验方法设置
2	0	1　实验方法	表示实验方法设置状态。按"▲""▼"改变数值，将下排数码管设置为 1，按"ENTER"键进入切料间隔时间设置
2	1	1　切料间隔时间	表示切料间隔时间设置状态。按"▲""▼""◀""▶"改变数值，按"ENTER"键设置完成

（5）实验方法。温度稳定后，称取所需试样 4g（准确至 0.1g），取出料杆，开始装入试样。装料时需少量加入，用加料杆压实后再少量加入，直至加到所需量为止。这样有助于防止气泡的产生，对于 MFR 值大的试样尤为重要。加料完毕后按"START"键开始实验。过程见表 2-2。

表 2-2　实验过程

上排数码管显示			下排数码管显示	操作
1	1	1	时钟	预热 4min，结束前 10s 报警，结束后自动进入压料过程。实验温度稳定后，可按"ESC"键进入压料过程
1	1	2	时钟	压料 1min，结束前 10s 报警，结束后自动进入切料过程。如果试样流出的量可以保证取到有效的起始点，可按"ESC"键进入切料过程
1	1	3	时钟	切料 10 次，结束后返回初始状态。如果第一根有效样条长度不合适，可按"SET"键重新设置切料间隔时间，然后按"ENTER"键返回，系统则重新开始本过程

（6）测定完毕后，把余下的试样挤出，这时，可在压码上再加其他金属重物，使余料较快压净，但所加总质量不得超过 25kg。切忌用大的压力把余料挤出，以防压料杆和出料口

托盘等因受力不均或超载而变形。

（7）用细棍由下往上把出料孔模由料筒中顶出，并清洁出料孔中的余料，再用清洗棒绑上白纱布反复擦拭干净，切忌用酒精灯烧或电炉加热出料孔模及压料杆，防止变形，影响精密度。

五、注意事项

（1）更换或加砝码时必须戴上手套。

（2）在操作和清洗时，要防止烫伤。

（3）切勿用料杆压紧物料，以免损坏料杆与料筒。

（4）由于料斗与料筒壁接触后，高温传向料斗，使料斗下端温度升高以黏住试样。因此，使用时应尽量避免料斗与料筒壁接触。

（5）加料前取出料杆，置于耐高温物体上，避免料杆头部碰撞。加料用漏斗加入料筒内（尽量不与料筒相碰，以免发烫），边加料边振动漏斗使料快速漏下，加料完毕，用压料杆压实（以减少气泡），再插入料杆，套上砝码托盘。插入料杆时，料杆上的定位套要放好，其外缘嵌入料筒，上述操作应在1min内一次性完成。

（6）在实验过程中，如需要更换口模，先将口模从料筒中取出，再用口模清洗杆将口模放入料筒。操作过程中，需小心谨慎，以免烫伤。

六、实验结果及数据处理

（1）试样的熔体质量流动速率（MFR）按式（2-12）计算：

$$MFR = \frac{600m}{t}(g/10min) \tag{2-12}$$

式中，m 为切段的平均质量，g；t 为切段时间间隔，s。

（2）实验结果取二位有效数字。

（3）若所切样条中质量最大值和最小值之差超过其平均值的15%，实验重做。

七、思考题

（1）在实验中为什么要使仪器恒温？

（2）为什么加料过程中要少量而缓慢地加入？

（3）塑料的 MFR 值对其加工工艺有何意义？

实验五　塑料冲击性能测试

一、实验目的

（1）ZBC8000-B 摆锤式冲击试验机是对塑料、尼龙、硬橡胶、电气绝缘材料等非金属材料及能量较小的铸铁在动负荷下抵抗冲击性能进行检测的仪器，学会按照标准方法（GB/T 1043.1—2008）加工制作冲击性能测试试样，并测试其抗冲击强度（或冲击韧性）。

（2）掌握摆锤式简支梁冲击实验机的构造，并掌握其使用方法。

二、实验原理

材料的抗冲击性能是反映材料在高速外作用力的条件下，抵抗破坏的一种能力。故可以用破坏时所消耗的功来表示。材料的抗冲击性能愈好，则所消耗的功就愈大；反之，材料的抗冲击性能愈差，则所消耗的功就愈小。

摆锤升至固定高度，以恒定的速度单次冲击支撑成水平梁的试样，冲击线位于两支座间的中点。当冲击实验机的摆锤于一定高度（h_1）绕中心摆轴自由下落时，摆锤的势能（mgh_1）就转化为动能（$mv^2/2$）。当摆锤碰到试样时，便可将试样冲断。试样的抗冲击强度不同，则所消耗的功能（A）不同，摆锤冲击后继续上升运动的高度（h_2）不同。整个过程的能量变化可用式(2-13)表示（忽略空气阻力及内摩擦损耗）：

$$mgh_1 = \frac{1}{2}mv^2 = mgh_2 + A \tag{2-13}$$

因此，试样的抗冲击强度越高，则摆锤上升的高度越小。所以，不同试样的抗冲击强度（冲击时所消耗的功）可通过上述公式换算出，并通过打印机将测试数据输出。

三、实验仪器和试剂及环境测试条件

摆锤式冲击实验机：简支梁 4J。

试样：硬质 PVC 板材或酚醛泡沫板。

环境测试条件：环境温度 10～35℃；相对湿度≤80%。

设备牢固地安装在坚固的基础上，该基础的质量应至少为所用摆锤质量的 40 倍，其水平度为 0.2/1000。周围环境中无震动，无腐蚀性介质，无强电磁干扰。

四、实验步骤

1. 试样加工与要求

（1）试样类型及尺寸（mm×mm×mm）：1 型试样 80×10×4；2 型试样 50×6×4；3 型试样 120×15×10。

（2）取样：按所需尺寸取样，用钢锯截取。

（3）加工：用锉刀对试样进行加工，将毛边锉平，使试样尽量光滑平直。

2. 试样尺寸测量

测量每个试样中部的厚度 h 和宽度 b，精确至 0.02mm。

3. 测试

（1）先插接上主机与打印机电源（50Hz、220V 电源），插接前判明有无地线，如电源插座上无地线，应在室外做正规的接地线并引入电源插座上。再将主机电源线、数据线及打印机数据线连接好。检查无误后方可开机实验。

（2）开机。按下控制面板的电源开关使系统通电，电源指示灯亮，通电后约 2s，液晶显示屏内显示正常。

（3）在"设置界面"中设置试样参数。

（4）摆锤在操作之前先找好机器水平。摆锤自由下垂，处于静止状态，且无任何动作执行的前提下，按"清零"按钮将摆锤初始角度值变为零。

（5）取摆。用右手将摆锤逆时针扬到底，使摆杆上的挂钩被抓钩牢靠地挂住。此时显示的角度即为此摆锤的预扬角。

（6）按"打印表头"键，此时启动自动打印数据功能。

（7）按"冲击"键，摆锤将顺时针落下打击试样。此时吸收功一项显示的值即为当次的空摆能量损失。

（8）打印实验结果：在冲击试样过程中，摆锤由最大升角回落时，自动打印当次数据。完成同批试样冲击后，打印平均值。

五、思考题

塑料冲击性能测试实验中，哪些因素会影响实验结果？

实验六 涂料的性能测试

一、实验目的

掌握涂料性能测试方法。

二、外墙涂料性能测试

外墙涂料的种类很多，如无机硅酸盐类、石灰浆涂料、有机类的乳液型和溶剂型涂料等。其中应用最广的是合成树脂乳液外墙涂料，因此主要介绍这类涂料的性能测试方法。

1. 实验样板的制备

（1）样板的表面处理 选择水泥板作实验样板，耐洗刷性能用 PVC 板。将样板预先切割成实验所要求的规格，见表 2-3。水泥板先浸水 24h 使其 pH 值接近 10，并在温度（23±2）℃、相对湿度 50％±5％的条件下晾干 48h。

表 2-3 试样的尺寸及技术指标

项目	样板尺寸/mm	涂布量（湿膜厚度）		样板保养期/d
		第一道/μm	第二道/μm	
干燥时间	150×70×（4～6）	100		
耐水、耐碱性	150×70×（4～6）	120	80	7
耐人工老化性	150×70×（4～6）	120	80	7
耐洗刷性	432×165×0.25	120	80	7
涂层耐温变形	150×200×（4～6）	120	80	7
施工性	430×150×（4～6）			
对比率		100		

（2）样板的制备 在规定的实验条件下，用表面光滑清洁的取样器，将涂料试样按规定的用量注射在样板的光面上，立即用线棒涂布器把样品展平，用体积法换算成质量后刷涂。涂布二道，每道间隔 6h。

2. 测试方法

（1）在容器中的状态 用搅拌棒搅拌，无硬块，搅拌后呈均匀状态。

（2）施工性 用刷子在表面处理过的光面上涂布样板，涂布量为湿膜厚约 100μm，使样板的长边呈水平方向，短边与水平成约 85°角竖放。放置 6h 后再用同样方法涂布第二道样板，检查有无操作困难和流挂现象。若刷子运行无困难，则可判为"涂刷二道无障碍"。

（3）干燥时间 以手指轻触涂膜表面，如感到有些发黏，但无涂料粘在手上，即认为表面干燥，或称触指干，记下所需时间即为表干时间。

（4）涂膜外观 将步骤（3）实验后的样板在规定的实验条件下放置 24h，观察涂膜，若刷痕不明显，没有针孔和流挂及其他缺陷，则认为"涂膜外观正常"。

（5）对比率

① 涂膜制备：在透明聚酯薄膜或底色黑白各半的卡片上按规定均匀地涂上涂料，在规

定条件下至少放置 24h。

② 用反射率测定仪测定涂膜在黑白底片上的反射率。

（6）耐碱性

① 仪器设备：恒温水槽。

② 饱和 $Ca(OH)_2$ 溶液的配制：在（23 ± 2）℃条件下，量取 1000mL 蒸馏水加入过量 $Ca(OH)_2$，充分搅拌配成饱和溶液，放置 24h。

③ 实验方法：取按标准方法制备的涂膜样板 3 块，用石蜡和松香（质量比 1:1）封四边和背面，然后将样板面积的 2/3 放入 23 ± 2℃的饱和 $Ca(OH)_2$ 溶液中 48h，取出用滤纸滤干，目测涂膜的状况。若 3 块样板中有 2 块样板未发现起泡、掉粉、失光而且变色不大时，可评为"无异常"。

（7）耐水性

① 仪器设备：恒温水槽。

② 测定方法：参照耐碱性制备样板的方法，将样板浸泡在 23 ± 2℃的蒸馏水中，96h 后取出。

（8）耐洗刷性

① 准备：PVC 样板 $432mm\times165mm\times0.25mm$。

② 洗刷介质：将洗衣粉溶于蒸馏水中，配制成质量分数为 0.5% 的洗衣粉溶液，其 pH 值为 9.5~11.0。

③ 将样板涂漆面向上，水平固定在耐洗刷实验仪的实验台板上。将刷子置于样板的涂漆面上，使刷子保持自然下垂，滴加约 2mL 洗刷介质于样板实验区域，立即启动仪器，往复洗刷涂层，同时以 0.04mL/s 的速度滴加洗刷介质，使洗刷面保持湿润。

④ 洗刷至规定次数或洗刷至样板的中间 100mm 长度区域露出底材后，取下样板，用自来水冲洗干净。

⑤ 在散射日光下检查样板被洗刷过的中间长度 100mm 区域的涂层，观察其是否破损露出底材。对同一试样采取 2 块样板进行平行实验，在 2000 次的洗刷次数上至少有 1 块样板的涂膜无破损，不露出底色，则认为其耐洗刷性合格。

（9）低温稳定性　将试样搅拌均匀后放入容积为 500mL 的塑料瓶中，装入量为 2/3，及时盖好盖子。将样品放入冷冻箱内，冷冻箱温度保持在（-5 ± 2）℃，样品瓶不得与箱底和箱壁接触，样品之间也要保持一定的距离以利于空气的流通。在冷冻箱内放置 18h 后取出，然后在室温下放置 6h，为一次完整的循环。如此反复 3 次后，打开容器，搅拌试样，观察有无结块、凝聚及分离现象，如无则认为"不变质"。

（10）涂层耐温变性　将 3 块样板在（20 ± 2）℃水中泡 18h，（-20 ± 2）℃冷冻 3h，（50 ± 2）℃热烘 3h 为 1 次循环。如此经过 3 次循环后观察涂膜的变化情况，若 3 块样板至少有 2 块无粉化、开裂、剥落、起泡等明显变化，可评为"无异常"。

（11）附着力测试　将样板放置在坚硬平直的物面上，以防止在实验过程中变形。样板的切割数是 6，切割间距为 3mm。握住切割刀具，使刀垂直于样板表面对其均匀施力，并采用适宜的间距导向装置，用均匀的切割速率在涂层上形成规定的切割数。所有切割都应划透至底材表面。无法切透至底材是由于涂层太硬而造成的，表明实验无效，并如实记录。重复上述操作，再做相同数量的平行切割线，与原先切割线成 90° 角相交，以形成网格图形。用软毛刷沿网格图形每一条对角线轻轻地向后扫几次，再向前扫几次。只有硬底材才需另外施加胶带。以均匀的速度拉出一段胶带，除去最前面的一段，然后剪下约 75mm 的胶带。

把该胶带的中心点放在网格上方，方向与一组切割线平行，然后用手指把在网格区上方的胶带压平，胶带长度至少超过网格 20mm。为了确保胶带与涂层接触良好，用指尖用力剐蹭胶带。在贴上胶带 5min 内，拿住胶带悬空的一端，并尽可能接近 60° 的角度，在 0.5～1.0s 内平稳地撕离胶带，可将胶带固定在透明膜面上进行保留，以供参照用。附着力达到 2 级为合格。

三、内墙涂料性能测试

1. 实验样板的制备

（1）样板选用水泥平板，其表面处理同外墙涂料的样板处理方法相同，内墙面漆样板要求见表 2-4。

表 2-4　内墙面漆样板要求

项目	试板尺寸/mm	线棒涂布器规格		样板保养期/d
		第一道/μm	第二道/μm	
干燥期	150×70×(4～6)	100		
耐碱性	150×70×(4～6)	120	80	7
涂膜外观	430×150×(4～6)			
耐洗刷性	430×150×(4～6)	120	80	7
施工性	430×150×(4～6)			
对比率		100		1

（2）样板的制备　在规定的实验条件下，用表面光滑且清洁的取样器（或取样管注射针筒）将涂料试样按规定用量注射在样板的光面上，立即用线棒涂布器把样品展平，根据需要，调节刀片与平面的间缝，可制得各种厚度的涂膜，也可用体积法换算成质量后刷涂。涂布二道，每道间隔 6h。

2. 测试方法

（1）容器中的状态　制成的涂料呈乳白色，无硬块，搅拌后呈均匀状态。

（2）施工性　用刷子在试样平滑面上刷涂样板，涂布量为湿膜厚度约 100μm。使样板的长边呈水平方向，短边与水平面成约 85° 竖放。静置 6h 后再用同样的方法刷涂第二道试样，在第二道刷涂时，刷子运行无困难则可评定为"刷涂二道无障碍"。

（3）低温稳定性（3 次循环）　将试样搅拌均匀后放入容积为 500mL 的塑料瓶中，装入量为 2/3，及时盖好盖子。将样品放入冷冻箱内，冷冻箱温度保持在（−5±2）℃，样品瓶不得与箱底和箱壁接触，样品之间也要保持一定的距离以利于空气的流通。在冰冻箱内放置 18h 后取出，然后在室温下放置 6h，为一次完整的循环。

（4）涂膜外观　将自制涂料搅拌均匀后，用 JFA-Ⅱ 自动涂膜机在样板上进行涂膜，结束后放置 24h，目视观察涂膜，若无显著缩孔，涂膜均匀，则评定为"正常"。

（5）干燥时间　将涂覆后的试样放置干燥，待涂料在样板上干燥完全，记录所用的时间。

（6）耐碱性（24h）

① 用涂料涂覆样板，涂覆好后的样板放置干燥。

② 水中加入过量的 $Ca(OH)_2$（分析纯）配制饱和溶液并进行充分搅拌，密封放置 24h 后取上部清液作为实验溶液。

③ 取制备好的样板，用石蜡和松香混合物（质量比 1:1）将样板四周边缘和背面封闭，

封闭宽度 2～4mm，在玻璃容器中加入 $Ca(OH)_2$ 饱和溶液，将样板长度的 2/3 浸入实验溶液中，加盖密封 24h。

④ 浸泡结束后，取出样板用水冲洗干净，甩掉板面上的水珠，再用滤纸吸干，立即观察涂层表面是否出现起泡、剥落、粉化等现象。

（7）耐洗刷性

① 准备：经过处理的水泥样板 430mm×150mm×4mm。

② 洗刷介质：将洗衣粉溶于蒸馏水中，配制成质量分数为 0.5% 的洗衣粉溶液，其 pH 值为 9.5～11.0。

③ 将样板涂漆面向上，水平固定在耐洗刷实验仪的实验台板上。将刷子置于试样板的涂漆面上，使刷子保持自然下垂，滴加约 2mL 洗刷介质于样板实验区域，立即启动仪器，往复洗刷涂层，同时以 0.04mL/s 的速度滴加洗刷介质，使洗刷面保持湿润。

④ 洗刷至规定次数或洗刷至样板中间 100mm 长度区域露出底材后，取下样板，用自来水冲洗干净。

⑤ 在散射日光下检查样板被洗刷过的中间长度 100mm 区域的涂层，观察其是否破损露出底材。对同一试样采取 2 块样板进行平行实验。

乳液型内墙涂料的要求见表 2-5。

表 2-5　乳液型内墙涂料的要求

项目	一等品	合格品
在容器中状态	无硬块,搅拌混合后呈均匀状态	无硬块,搅拌混合后呈均匀状态
施工性	刷涂两道无障碍	刷涂两道无障碍
涂膜外观	正常	正常
干燥时间/h	≤2	≤2
对比率(白色和浅色)	≥0.99	≥0.90
耐碱性(24h)	无异常	无异常
耐洗刷性(次)	≥1000	≥300
低温稳定性	不变质	不变质

3. 最低成膜温度测定方法

（1）梯度板温度平衡后取适量的试样（适量的试样为超过凹槽的总容量），将试样从高温端注入梯度板凹槽中，用双手握住刮刀（刮刀垂直于梯度板），从高温端向低温端刮拉。此刻，3 个凹槽中刮满了被测试样。多余的试样用抹布擦揩干净。

（2）将盛有硅胶粒或硅胶布袋的干燥剂放在托架上并置于梯度板之上后，盖上有机玻璃罩子。

（3）观察试样水分蒸发后的成膜情况，若需加快成膜速度，可打开气泵开关，调节转子流量计旋钮以控制流量的大小。一般情况下，可调节浮子在 80L/h 左右。

（4）经过一段时间后，观察试样的情况。如果试样能形成连续的透明的膜与龟裂或形成白垩状膜的分界线，说明实验已结束。

（5）读出 3 个凹槽分界线的相应温度数，取其算术平均值作为试样的最低成膜温度。

（6）实验完毕后，依次关上冷端温控电源开关、去湿湿控电源开关、热端温控电源开关、梯度巡检电源开关及气泵电源开关、总机电源开关。

（7）关掉水源。用细纱布蘸水或酒精或丙酮将板面清洗干净，然后罩上密封罩。

（8）最低成膜温度的判断：最低温度（MPT点）是连续的透明的膜与龟裂或白垩状膜之间分界线的温度。

一般情况下分界线可分为3种状态出现：

a. 很明显的分界线。如透明的连续的膜与龟裂或白垩状膜。

b. 不很明显的分界线。如连续的膜与半透明龟裂的膜或半透明的白垩状膜。

c. 连续的透明膜与不连续透明龟裂膜的分界线。

不管上述分界线如何区分，所有的分界线都不可能是直线，尤其是同一试样涂布在3个凹槽中，从3个凹槽中的分界线观察看，有斜线或S线等。试样MFT温度点的取值为3个凹槽分界线相对应显示温度值的算术平均值。

（9）注意事项。

本仪器的使用总原则为先通水后通电；关机为先断电后断水。

实验完毕后，在清除凹槽中的样品时，千万不要用坚硬的物体刮擦，以免破坏梯度板的表面粗糙度。

本仪器应在国家标准规定的实验室中使用。在此条件下，梯度板平衡的时间约为2.5h左右。巡回检测3次后（每隔10min）其间隔温度误差在指标内，即可视为平衡。

梯度板的致冷端在工作过程中有结冰或结霜应及时去掉，以免梯度板温度回升后，冰或霜化成水渗入梯度板中，造成致冷器件烧毁。

4. 涂膜硬度测定方法

① 启动摆条推动机构、止动机构。使摆条置于5°正视线上，扳下定位提手。

② 接通计数器电源，启动计数器电源开关，推动止动装置使摆条自由摆动（注意摆条支点移动）摆条在标准玻璃上摆动的时间为（440±6）s，次数为（704±8）次（n_0）。若不在此时间或次数内则应调整摆上的微调锤，反复微调，使其达到上述标准值。

③ 把所测涂料均匀涂布在标准玻璃板上。

④ 漆膜的干燥（自干或烘干）应达到产品要求所规定的时间。

⑤ 漆膜的厚度应达到产品所规定的标准。

⑥ 把制备好的漆膜实验板放置在工作台上，观测摆条从2°~5°摆动所有的时间和次数，并将其秒数或次数（n）记录下来。

⑦ 用公式 $H = n/n_0$ 计算值，所得即为所测漆膜硬度值，一般在一片漆膜实验板上（不同位置）作3次实验，将所有的结果求取算术平均值为最后结果，但两次所测秒数之差不得大于3%，记数不得大于5%。

⑧ 每次实验前应用乙醚、乙醇将玻璃或摆条上的钢珠擦干净，所用的抹布应清洁，不要给标准玻璃板造成划痕。

⑨ 支点钢珠应定期检查，当发现钢珠表面损伤时，可稍微移动钢珠，变换它的接触点，钢珠表面如磨至不符合要求时，则应更换钢珠。

应当指出：本仪器反映了涂料对其环境的敏感性，实验应在温度（25±1）℃，相对湿度60%~70%，周围无振动且在无气流的条件下进行，因此，实验时必须加外罩并关闭所有小门。

实验七　聚合物拉伸性能测试实验

一、实验目的

（1）掌握拉力机的使用及原理，了解抗拉强度、断后伸长率、定伸强度、拉断永久变形的概念。

（2）掌握影响高分子材料抗拉强度的因素。

（3）PVC 改性橡胶制品力学性质影响分析。

二、实验原理

橡胶的拉伸性能测试实验是评价橡胶力学性能优劣的重要手段之一。橡胶的抗拉强度是在规定的实验温度、拉伸速度下，在试样上沿轴向施加拉伸力，直至断裂前试样承受的最大载荷与试样原始横截面积的比值。

测量和计算如下数值：

① 测量试样断裂过程中的最大力 F_m，计算试样的抗拉强度 σ_b。

② 测量并计算试样的断后伸长率 A。

③ 测量将试样拉伸到给定伸长率所需的力 F_e，计算定伸强度 σ。

④ 测量与计算试样的拉断永久变形。

三、实验仪器

INSTRON 5569 材料试验机。

（1）INSTRON 5569 实验机是美国 INSTRON 公司生产的材料试验机，为双立柱台式，最大加载能力为 50kN。可进行弹性体、纺织品、塑料、复合材料、金属等各种材料和零件的拉伸、压缩、弯曲、剪切、剥离和反向应力循环等实验。

（2）主要技术指标。

① 载荷范围：0～50kN 的拉伸、压缩和循环加载。

② 载荷测量精度：示值的 0.4%（至载荷传感器满量程的 1/100），示值的 0.5%（至载荷传感器满量程的 1/250）。

③ 应变测量精度：示值的 0.5%。

④ 位置测量精度：位移的 0.05%。

⑤ 横梁速度精度（零载荷或恒载荷）：设定速度的 ±0.1%。

四、实验步骤

1. 准备工作

（1）PVC 改性橡胶的制作方法：PVC 粉料与助剂混合均匀，塑料开炼机加热到 160℃，启动设备，加 PVC 混合料混炼均匀，再加入 NBR 及助剂混炼，混炼完成后硫化成型备用。

（2）将橡胶制品在特制的钢模中压制成哑铃状试样，试样工作部分的厚度波动范围不超过 0.1mm，并且不得有任何损伤或气泡。哑铃状试样的尺寸与公差：总长 115mm，宽度 $6.0_0^{0.4}$ mm，实验长度（25±0.5）mm。

（3）按规定实验长度在试样上标出 2 条平行基准标线，2 条标记线应标在试样的狭窄部分，即与试样中心等距，并与其纵轴垂直。

（4）用测厚仪在实验长度的中部和两端测量厚度，取 3 个测量值的中位数。

2. 测试

（1）打开计算机进入 windows 界面，启动主机，双击"Bulehill"图标，打开软件进入主界面。

（2）选择拉伸实验，设定参数：速度（500mm/min）、实验终止条件、样品尺寸等。

（3）把试样垂直夹在夹具上。

（4）启动测试，记录试样的实验长度部分拉伸到100％所需的力；实验完毕后，打印应力-应变曲线图，记录数据。

（5）取下已断裂的试样，放置3min，再把断裂的两部分吻合在一起，用精度为0.05mm的量具测量试样吻合后2条平行标线之间的距离，计算拉断永久变形时，试样需放置3min，然后测量标距长度。

（6）用以上测试方法依次测试不同PVC含量（0、10％、20％）的橡胶制品的抗拉强度、断后伸长率、定伸强度、拉断永久变形。

五、实验结果及数据处理

（1）试样的抗拉强度 σ_b

$$\sigma_b = \frac{F_m}{bd} \tag{2-14}$$

式中，σ_b 为试样的抗拉强度，MPa；F_m 为记录的最大力，N；b 为裁刀狭窄部分的宽度，mm；d 为试样实验长度部分的厚度，mm。

[注] $1Pa = 1N/m^2$，$1MPa = 10^6 Pa$。

（2）试样的定伸强度

$$\sigma = \frac{F_e}{bd} \tag{2-15}$$

式中，σ 为试样的定伸强度，MPa；F_e 为试样的实验长度部分拉伸到100％所需的力，N；b 为裁刀狭窄部分的宽度，mm；d 为试样实验长度部分的厚度，mm。

（3）试样的断后伸长率

$$A = \frac{100(L_b - L_0)}{L_0} \tag{2-16}$$

式中，A 为断后伸长率，％；L_0 为试样的初始实验长度，mm；L_b 为试样断裂时的实验长度，mm。

（4）试样拉断永久变形

$$S_b = \frac{(L_t - L_0)}{L_0} \tag{2-17}$$

式中，S_b 为拉断永久变形，％；L_t 为试样断裂后，放置3min后的标距，mm；L_0 为试样的初始实验长度，mm。

六、思考题

（1）拉伸速率对抗拉强度和断裂模式有什么影响？

（2）从应力-应变曲线可获得哪些高分子材料力学性能参数？

实验八　塑料耐热性能测试

一、实验目的

（1）掌握塑料耐热性能的表征与测试原理。

（2）掌握影响塑料耐热性能的因素。

（3）熟悉 VTM1300 型热变形维卡试验机的构造，学会正确的使用与操作方法。

二、实验原理

塑料的耐热性能是反映其于高温（温度在室温以上或更高的温度以上）以及外力作用的条件下，保持其形状、尺寸相对稳定或者变化较小的一种能力，如某一塑料或其制品在某一使用温度下，其形状和尺寸都不发生变化或者变化很小，则这种材料的耐热性较好；反之其形状和尺寸都发生了变化，以至无法使用，则认为这种材料的耐热性较差或很差。

塑料维卡软化温度：圆片形或方形塑料试样于液体传热介质中，在一定的负荷、一定等速升温条件下，试样被 $1mm^2$ 的压针压入 $1mm$ 深时的温度。

三、实验仪器及试样

（1）仪器名称　VTM1300 型热变形维卡试验机。

（2）仪器结构　油箱、支撑板、温度传感器、压针、位移传感器、电子千分表、传感器固定架、电源开关、搅拌器、手柄、砝码托盘、导柱、实验架、计算机。

（3）试样　硬质 PVC 板材。

四、实验步骤

1.试样加工与要求

（1）试样尺寸　方形试样 $10mm \times 10mm \times （3 \sim 6.5）mm$。

（2）制样　按试样尺寸要求，用钢锯截取 3 个试样（取样时应考虑截取时的尺寸损失，应留有 $2 \sim 3mm$ 的余地），用锉刀把毛边锉平。

2.测试

（1）选择砝码：10N。

（2）放置试样：启动主机预热 10min，升起试样架，将试样放入维卡测量架的压针下，压针距边缘的距离大于 3mm，最好选试样中心处。将试样架放入液槽中，液槽起始温度为室温。

（3）打开软件，进入维卡实验界面，设定升温速率，实验终止温度。加砝码，设定零点，开始实验。

（4）实验结束后，打印温度曲线图，记录数据。

五、实验结果及数据处理

以 1 组（3 个试样）试样算术平均值表示维卡软化温度（如果单个实验结果差的范围超过 2℃，应重做），画出温度曲线图。

六、注意事项

（1）开机后，仪器要预热 10min，运行稳定后，再进行实验。

（2）如果刚刚关机，需要再开机，时间间隔不可少于 10s。

（3）任何时候都不能带电拔插电源线和信号线，否则很容易损坏控制元件。

（4）试样应光滑无毛刺，放置试样应使压针压在试样的中心位置。

（5）实验前先进行清零，清零的最佳范围为 $4 \sim 5mm$。

（6）实验完毕后，如果油箱内温度≥220℃，必须先自然冷却；温度<220℃时水冷却；

温度≥100℃，冷却水的水流量要小；温度＜100℃，加大水流量，可以全开水阀。

（7）实验时，实验人员不要远离仪器，离开时最好关闭仪器。

（8）实验时，不要触碰传感器线，以免影响数据的准确性。

七、思考题

（1）试样测试结果准确性的影响因素有哪些？

（2）如何提高塑料的耐热性能？

实验九　保温材料导热系数的测试

一、实验目的

（1）掌握 IMDRY3001-Ⅱ 型双平板导热系数测定仪的构造，学会正确使用并掌握其操作方法。

（2）通过实验掌握保温材料导热系数（或热导）的表征与测试原理，分析导热系数与保温材料隔热效果的关系。

二、实验原理

IMDRY3001-Ⅱ 型双平板导热系数测定仪采用稳态测量，只有在冷板、热板和护板达到稳态热平衡的条件下，才能得到正确的结果。按照一维稳态传热方程，热板加热器产生的热量通过试件传递到冷板，并由冷板的循环液体等工质传递到系统外，形成一个热力循环。该循环的热力方程式如下：

$$R = \frac{A(T_1 - T_2)}{\varphi} \tag{2-18}$$

$$\lambda = \frac{\varphi d}{A(T_1 - T_2)} \tag{2-19}$$

式中，R 为热阻，$m^2 \cdot K/W$；λ 为导热系数，$W/(m \cdot K)$；φ 为加热单元计量部分的平均加热功率，W；d 为试件平均厚度，m；T_1 为试件热面温度平均值，K；T_2 为试件冷面温度平均值，K；A 为计量面积，m^2。

三、实验步骤

1. 实验准备

（1）恒温槽加所需液体至满状态，如长时间不用，请排除恒温槽内的液体，保持干燥状态下存放。一般情况下，液体选用防冻液。

（2）要求使用稳定的 220V 交流电源。

（3）地线齐全。

（4）试样准备。

① 试样要求同种材料 2 块。

② 试样标准尺寸 300mm×300mm× (5～40)mm。

③ 试样厚度 5～40mm。平整度按照国家标准为 0.1mm。

④ 由于各地的温度、湿度的不同，建议实验之前对试样进行养护。

⑤ 同时，标准物质（又称标准参比板）也需要养护，保持干燥。建议每次实验前用标

准参比板对仪器进行校对。

2. 试件安放

（1）将主机信号线与电脑正确连接，电脑及主机电源插好，打开导热仪主机背部的电源开关。

（2）将主炉体平行于地面安放，插入"固定插销"将炉体固定。

（3）在无试样的状态下，旋转丝杠手柄，将丝杠退回最低位。

（4）将测厚尺调至最低，打开测厚尺电源开关，按下"ZERO"键，使测厚尺示数为零。

（5）旋转丝杠手柄，将丝杠退回最高位。

（6）打开炉盖，放置待测试样。

（7）要求试样平放在热板上，注意：试样要充分接触热板，避免安放在炉体四周的固定塑料上，以免产生空气夹层，影响实验结果。

（8）关闭炉盖，将锁扣锁紧，注意炉盖不可与炉体护板研磨。

（9）旋动丝杠手柄，使压力模块示数符合国家标准，软性试样注意不可过度压缩。

（10）将测厚尺调至最低，记录测厚尺示数（注意：软性试样不可过度压缩）。

（11）打开定位插销，将炉体按照水管引向端翻转 180°，安装第 2 块试样同上。

注意炉体最多只能翻转 180°，请勿翻转 360°。

（12）打开定位插销，将炉体垂直地面摆放，处于测试状态。

3. 实验开始

（1）打开恒温槽，设置冷板温度。

请先开启电源开关，再开启循环开关，最后打开制冷开关。请每个按键之间保持 3s 的间隔，以免瞬间电流过大，损坏保险管。

（2）打开计算机电源开关，进入 IMDRY3001-Ⅱ型导热系数测定仪界面。

（3）用鼠标点击左侧"进入"按钮后立即进入测量界面。

（4）在操作界面的左侧，依次输入测试单位名称、测试人、试样名称等相关参数。

（5）设置热板温度：用鼠标点击热板温度内框，填入所需实验温度。

（6）试样厚度为安放试样中两次测量的平均值。

（7）预热时间一般为 30min。

（8）测试时间一般为 150min，测试人员可以随图表监控测试过程，如果长时间仍不能达到平衡，注意相应增长测试时间。

4. 实验结束

（1）测定完成后系统会自动给出测试结果及测试报告。点击界面的"浏览全部数据"即可以对全部数据进行处理和查看。

（2）关闭恒温槽（注意：请先关闭制冷开关，再关闭循环开关，最后关闭电源开关）。

（3）测试结束后，将试件取出，放入保护板，将设备归位。

（4）打印数据后，关闭计算机和导热仪主机电源，测试结束。

四、注意事项

（1）炉体在工作状态和非工作状态时均为竖直放置，非工作状态时丝杠手柄退回最高位。

（2）旋转丝杠手柄时不要用力过大，以防转坏。

（3）注意炉体只能翻转 180°，请勿翻转 360°。

（4）请先开启电源开关，再开启循环开关，最后打开制冷开关。请每个按键之间保持 3s 的间隔，以免瞬间电流过大，损坏保险管。关闭时顺序则相反。

五、思考题

（1）简述实验操作过程中的注意事项。

（2）如果被测样品板表面不平整，则测试结果值比实际值偏大还是偏小，为什么？

实验十　高分子材料阻燃性能测试

一、实验目的

（1）掌握材料阻燃性能评价方法。

（2）学会使用氧指数仪测定高分子材料的燃烧性，并能够对测试结果进行分析。

（3）了解 HC-2 型氧指数测定仪（图 2-4）的结构和工作原理。

二、实验原理

本实验通过测定聚合物的氧指数来评价材料的阻燃性能，所谓氧指数是指材料引燃后能保持燃烧 50mm 或燃烧时间为 3min 所需要的氧氮混合气体中最低氧体积分数。

三、实验仪器

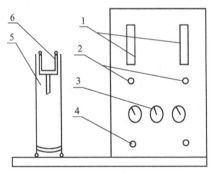

图 2-4　HC-2 型氧指数测定仪（江宁分析仪器厂）

1—转子流量计；2—流量调节阀；3—N_2 和 O_2 压力表；4—稳压阀；5—玻璃套筒；6—试样架

四、实验步骤

（1）制备标准试样 10 根（试样标准长 70～150mm，宽 (6.5±0.5)mm，厚 (3±0.5) mm，见表 2-6）测量其尺寸并记录。在试样一端 50mm 处划线，将另一端插入燃烧柱内试样夹中。

（2）选定燃烧柱内的流速为 (4±1)cm/s。开启氧氮钢瓶阀门，调节阀压力为 0.2～0.3MPa。然后调节仪器稳压阀，仪器压力表指示 (0.1±0.01)MPa。调节微量调节阀得到稳定流速的氧氮气，流速通过转子流量计指示，并调到工作位置。此时检查仪器压力表指示是否在 0.1MPa 处，否则应调到规定压力。N_2 和 O_2 压力表不大于 0.03MPa 或不显示压力为正常，超过此压力，应检查燃烧柱内是否有结碳、气路堵塞现象，系统充气 30s。

（3）根据资料或经验选定实验所需最初氧气浓度，如果不了解，可在空气中点燃试样，如果燃烧很快，氧气最初浓度选定为 18％，如果试样在空气中点燃后离火马上熄灭，则根据情况选择氧浓度 25％ 或更高。

（4）系统冲洗后，用丙丁烷或天然气点燃试样，火焰长度为 6～25mm。点燃上端后，立即撤掉火源。

（5）同时计时，并注意观察。如果试样燃烧 3min 以上或燃烧 50mm 以上，说明氧的浓度太高，必须降低；相反，则必须提高氧的浓度。所测试样正好在 3min 或 50mm 时熄灭，这时氧的体积分数为该样品的氧指数。重复 3 次，取其平均值，取小数点后 1 位。

$$[OI] = \frac{[O_2]}{[O_2]+[N_2]} \tag{2-20}$$

式中，$[OI]$ 为氧指数；$[O_2]$ 为测定浓度下氧的体积流量，L/min；$[N_2]$ 为测定浓度下氮的体积流量，L/min。

（6）报告：在试样报告中，对实验材料的种类、来源、尺寸、测量氧指数的燃烧长度（mm）或燃烧时间（min），氧指数的各个值及平均值、点火源、燃烧时溶滴碳化、弯曲等详细记录。

表 2-6　试样尺寸　　　　　　　　　　　　　　　　　　　　　　　　　　单位：mm

型号	塑料类型	宽	厚	长
A	自撑型	6.5±0.5	3±0.5	70～150
B	兼有自撑型和柔软型	6.5±0.5	2.0±0.5	70～150
C	泡沫型	12.5±0.5	12.5±0.5	125～150
D	薄片和膜	52±0.5	原厚	140±5

五、思考题

（1）氧指数的定义是什么？

（2）HC-2 型氧指数测定仪可用于测定哪些材料？

（3）试样表面有毛刺对测试结果有什么影响，为什么？

实验十一　橡胶应力松弛实验

一、实验目的

（1）掌握橡胶或高弹体的应力松弛过程（用拉伸法测定高弹体的应力松弛曲线）。

（2）掌握聚合物力学松弛的性质。

二、实验原理

在恒定温度和形变保持不变的情况下，聚合物内部的应力随时间增加而逐渐衰减的现象称为应力松弛。温度太低，拉伸太小，松弛小而慢，不易观察；温度太高，拉伸太大，松弛太快，同样不易观察。应力松弛现象经常可以见到，例如用塑料绳子缚物，开始扎得很紧，后来会变松等。

交联聚合物应力松弛被抑制，一般应力不会降到零。非交联聚合物应力可能会降到零。分子量很大的未交联聚合物，由于链之间的缠绕而导致的物理交联，应力亦可能不会降到零。

三、实验仪器

INSTRON 5569 材料试验机。

四、实验步骤

（1）打开计算机进入 Windows 界面，启动主机，双击"Bulehill"图标，打开软件进入主界面。

（2）推入高低温箱，安装夹具，打开加热开关，设定温度 100℃，保温 30min 后开始测试。

（3）剪取宽 1cm、长 8cm 试样，并将试样夹在夹具上。

（4）设置实验条件：速度 50mm/min、伸长率 50％。设置样品条件：宽度、厚度、长度。

（5）启动测试；实验结束后打印数据图表。

五、实验结果

（1）实验记录：实验条件、温度、试样尺寸、测试结果及时间。

（2）画出橡胶应力松弛曲线图。

六、思考题

（1）为什么聚合物会出现应力松弛现象？

（2）测试后的试样长度与原来长度是否相等？

实验十二　DMA动态力学性能测试实验

一、实验目的

（1）掌握 DMA 测试高分子材料动态力学性能的方法以及 DMA 的测试原理。

（2）掌握正确分析 DMA 曲线图的方法，并能够根据测试实验结果分析动态力学性能的影响因素。

二、实验原理

动态力学分析（DMA）是用来测量各种材料宽范围内的力学性质的。如聚合物，其行为特征既像弹性固体，又像黏性液体，因此具有黏弹性。DMA 在两个重要方面不同于其他的力学测试方法。第一，传统的拉伸测试设备仅关注弹性组分，而在许多应用中，非弹性或者黏性的组分是非常关键的，正是由于黏性组分决定了材料的性能；第二，拉伸测试设备主要在材料的线性黏弹范围外进行测试，而 DMA 主要在材料线性黏弹区内进行测试，因此，DMA 对材料的结构更加敏感。

DMA 可通过瞬态实验或者动态实验测定材料的黏弹性，瞬态实验包括蠕变或者应力松弛，在蠕变过程中，一定的应力施加在样品上并保持恒定，同时测量形变与时间的关系，一段时间后应力去除，回复过程也被测量；在应力松弛过程中，一定的形变施加在样品上保持不变，测量应力的衰减与时间的关系，从而确定材料的黏弹性。

通常，作为 DMA 分析用的样品，多制备成具有一定大小尺寸形状，以保证其在施力

(N) 转换为应力（Pa）时仍能相吻合，如此才能获得精确的模量值。所以，形状越均一的样品就越能减少误差值。

制备样品的原则如下。

① 大：大的样品有测量尺寸的误差较小、代表性较强及几何力学较符合实际的优点。

② 方向性要一致。

③ 表面平整，线条明确。

④ 除湿干燥。

⑤ 模仿实际受力状态。

三、实验仪器

本实验采用的仪器包含以下部件：Q800 DMA 主机；DMA 空气轴承专用的无油式空气压缩机（ACA）；DMA 的空气过滤调压器（AFRA）；液氮冷却系统（GCA）；DMA 夹具。

四、实验步骤

（1）确定 GCA（液氮冷却系统）、Air Cool（加热炉冷却用空气）、ACA（空气轴承专用压缩机）等控制线路与气体管线皆已妥当联机。

（2）打开主机"Power"开始暖机。

（3）打开"Heater"键。

（4）排放空气滤清调压器内的积水与残压，同时确定 ACA 气压是否足够 420～455kPa。

（5）排放 Air Cool 内的积水，再打开电源。

（6）打开 GCA 的电源（如果要做室温以下的实验）。

（7）打开计算机，载进"Thermal Advantage"，与 DMA 联机。

（8）在即时窗口中的"Single"内观察"Frame Temperature"与"Air Pressure"是否已"OK"，若接 GCA 则须显示"GCA Liquid Level：若干％ Full"。

（9）按"Furnace"键打开炉子，检视是否需要安装或换装夹具。请依标准程序完成夹具安装。

（10）若需更换夹具，则记得重新在"Mode"内设定夹具种类，并逐步完成夹具校正。

（11）若沿用原有夹具，请按"Float"键，检视驱动轴飘移状况，和"Position"位置是否正常，若不正常请依标准程序完成夹具校正和位置校正。

（12）准备样品，测量样品尺寸，对于会有污染、流动、反应、黏结等顾忌的样品，须事先做好防护措施，有些样品可能还需要一些辅助工具，才能有效安装在夹具上。

（13）安装样品，并注意样品位置是否有歪斜。

（14）选取工具列表中"Experiment Pane View"键，于"Summary"中输入样品信息。

（15）在"Procedure"中设定振幅、力、Auto strain％、方法与频率表（单频或多频扫描）或是振幅表（多变形量扫描）等参数，同时在"Advanced"与"Post Test"中确定仪器参数，编写完后按"OK"。

（16）于"Notes"中输入批注。

（17）编辑完后按"Apply"。

（18）按"Mearsure"键，观察即时窗口"Single"，查看各项讯号变化是否稳定，必要时须重新调整条件参数。

[注] 仪器性能指标如下。

① 振幅是否能在设定数值处稳定住。

② 频率是否能在设定数值处稳定住。

③ Stiffness：102～107。

④ Storage modulus：3TPa。

⑤ Drive force + static force：≤18N（主要指标）。

（19）稳定后便可按"Furnace"键关闭炉子。

（20）按"Start"开始实验。

（21）在实验进行中可选取"Real Plot Full Screen View""Real Plot Pane View"等来观看实验的即时图形。

（22）Melt 及 Cure 之后，接下来就会开始产生裂解，请立刻停止实验，若是污染 DSC Cell 时，请立刻做妥善的处理（如为未知样品，请用 TGA 确定分解温度）。

（23）只要在联机状态下，DMA 所产生的数据会自动一次次转存到计算机硬盘中，实验结束后，完整的档案便会存储到硬盘里。

（24）如果因为某种原因联机失败的话，实验数据仍持续存到主机的内存，只要不关机或另外再进行新的实验，数据就不会丢失，只要再选择"TOOL/Date Transfer"，便可以强制将内存中的数据转存到硬盘内。

（25）若不主动停止实验的话，则会依据原先载入的方法完成整个实验，若需要停止实验，可以按"Stop"键停止（数据存盘）或按"Reject"键停止（数据不存档）。

（26）若实验中出现"Error"，则可选"View/Error Log"检视并解决实验中的问题，或通知维修部。

（27）实验结束后，炉子与夹具会依照设定的"End Condition"恢复其原状，若有设定"GCA Auto Fill"则之后会继续进行液氮自动填充。

（28）将试片取出，若有污染则须清除。

（29）关机步骤如下：

① 按"Stop"键，以便储存位置值。

② 等待 30s 左右后，使驱动轴真正停止。

③ 关掉"Heater"。

④ 关掉"Power"。

⑤ 关闭其他外围设备。

（30）实验结束与结果分析后，可将计算机关闭。关闭时将打开的窗口——关掉后，再按"Shut Down"，这是正常结束程序。

五、注意事项

（1）室温控制在 20～35℃之间。

（2）环境干净而无尘。

（3）工作场所通风良好。

（4）避免仪器受阳光曝晒。

（5）仪器需放置在水平、稳固且无震动的桌面上。

（6）仪器用电的电压需稳定，最好加装稳压器。

（7）若需使用气体吹扫或冷却，则必须为干净、无油、无水的冷气体。通常需考虑的设备有：无油无水空气压缩机、氮气产生器、冷冻式气体除湿剂、分子筛干燥器等。

（8）若仪器使用的气体要求固定的压力或流量，则可装设调压阀或流量计作精准的控制。

（9）若需用到冷却水，则要保证清洁。最好使用纯水，必要时加入抗冻剂、消泡剂或杀菌剂。

（10）ACA 不可与 DMA 主机放置在同一桌面上，以避免震动的干扰。

（11）ACA 的风扇进气口至少要有 15～20cm 的空间，让冷空气能自由吸入，以确保内部压缩机不过热。

（12）ACA 要平放，使 4 个橡胶脚垫平均负担质量，不可反放或侧放。

（13）在打开电源之前，要先排放出口连接的空气滤清调压器的压力，过高的背压，会使 ACA 工作困难。

（14）ACA 产生的气流务必要保持平稳，故须专用于 DMA 800 的空气轴承，不可分为他用。

（15）ACA 若有问题，不可擅自打开，请立刻联络维修人员。

（16）AFRA 须垂直安放，以利于排水。平放时水珠将会堵塞气体通路，注意水位不超过滤杯半高以上。可将杯底旋钮反时针方向转动打开以排水（准备盛水器），再顺时针方向锁紧。

（17）滤清指示剂正常为绿色，若转变为红色时代表滤水功能丧失，请立即停止使用，更换 AFRA 的调压阀及滤芯。

（18）使用 ACA 时，一定要确认启动前其内压低于 70kPa，否则可能会造成 ACA 过载而烧断保险丝。

（19）当空气过于潮湿时，水分会在 ACA 与 AFRA 之间管路内冷凝而造成堵塞。此时压力表的压力仍显示正常，但实际上并无气体流通。这时，请拔开管路，排掉水分后，再连接启动。

六、思考题

(1) DMA 测量的基本物理量是什么？其在高分子材料测试方面的应用是什么？

(2) DMA 的夹具有哪些，它们对样品的尺寸要求分别是什么？

(3) 测试两个 DMA 曲线（图 2-5、图 2-6），分别是丙烯酸丁酯（BA）和苯乙烯（St）的共聚物，在丙烯酸丁酯（BA）/苯乙烯（St）=2.5/1 和丙烯酸丁酯（BA）/苯乙烯（St）=2/1 时的 DMA 曲线图，请指明那个图是丙烯酸丁酯（BA）/苯乙烯（St）=2.5/1 时的 DMA 曲线图，

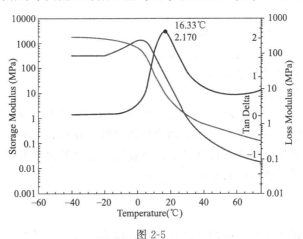

图 2-5

哪个是丙烯酸丁酯（BA）/苯乙烯（St）＝2/1时的DMA曲线图，并详细说明为什么。

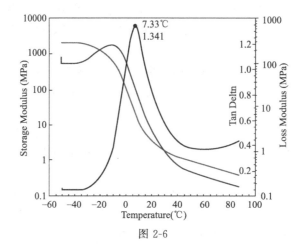

图 2-6

实验十三　聚合物温度形变曲线的测定

一、实验目的

（1）验证线型高聚物的 3 种力学状态理论。
（2）掌握聚合物温度-形变曲线的测试方法。
（3）掌握 XWJ-500B 型热机分析仪的使用方法。

二、实验原理

测定温度-形变曲线（热机械曲线）是研究聚合物力学性质的一种重要的方法。在聚合物试样上施加一定的荷重，并使试样以一定的速率受热升温，采用记录仪器记录在某个温度变化范围内试样的形变曲线。在该曲线的两个转折范围内，可以确定出玻璃化转变温度 T_g 和黏流温度 T_f，从而可估计试样材料的适用范围和加工条件。

本实验采用固定负荷的静态方法，相当于力的作用速度很慢的情况，加热采取等速升温。

三、实验仪器

仪器名称：XWJ-500B 型热机分析仪。
（1）主机：主体架、高低温炉、试样装置等。
（2）形变测量单元和温度控制器等。
（3）计算机、打印机。

实验时聚合物随温度上升，从玻璃态转变为高弹态，在转变过程中相应产生了形变，这种形变导致施加载荷的压杆下沉，带动差动变压器的铁芯移动，差动变压器将这个变化的信号转变为电压信号，经放大后输入计算机记录下曲线，温度经热电偶输入计算机记录下温度变化。最后从形变曲线上通过做切线求出 T_g 和 T_f。

四、实验步骤

（1）装试样：试样放入压缩吊筒的试样座上，将热电偶插入插孔。然后用镊子夹住试样小心地放入压缩吊筒中，将压缩吊筒放入高温炉内，再加载荷。

(2) 载荷量：980g。

(3) 打开程序系统界面：

① 在"实验方法"窗口中选择本次实验的方法"压缩"。

② 在"实验尺寸"窗口中选择本次实验的试样尺寸。

③ 在"载荷选配表"窗口中选择本次实验的砝码质量。

④ 升温速率：(1.2 ± 0.5)℃/min。

⑤ 设定升温的上限温度。

⑥ 设置变形量：1.5mm。

⑦ 实验架位移传感器的调零：当位移不在零点时，调整实验架的位移传感器使位移到零点。

⑧ 当上述参数设置完成后，单击"开始实验"按钮。

⑨ 实验完成后，蜂鸣器会报警，在"实验"菜单下选择消音按钮来解除报警。在"实验"菜单下选择"打印"按钮，打印报告和温度-形变曲线图。

五、实验结果及数据处理

(1) 测试条件：实验应力 (0.4 ± 0.2)MPa；升温速率：(1.2 ± 0.5)℃/min。

(2) 实验结果见表 2-7。

表 2-7　实验结果

测试条件		测试结果	
样品应力	升温速率	T_g	T_f

六、思考题

聚合物温度-形变曲线与其分子运动有什么联系？

实验十四　热重分析法（TGA）测定聚合物的热稳定性

一、实验目的

(1) 掌握热重分析法测定聚合物热稳定性的实验原理，学会用热重分析仪测定聚合物的热分解温度 T_d。

(2) 了解热重分析法在高分子材料研究领域的应用。

二、实验原理

热重分析法（thermogravimetric analysis，TGA）是在程序控温下，测量物质质量与温度关系的一种技术。TGA 的谱图是以试样的质量 m 对温度 T 的曲线（称为热重曲线，TG）或者是试样的质量变化速度（dm/dt）对温度 T 的曲线（称为微商热重曲线，DTG）来表示，如图 2-7 所示。开始阶段试样有少量的质量损失（m_0-m_1），这是聚合物中溶剂的解吸所致，如果发生在 100℃附近，则可能是失水所致。试样大量地分解失重从 T_1 开始的，质量的减少为（m_1-m_2），在 T_2 到 T_3 阶段存在着其他的稳定相，然后再进一步分解。图中

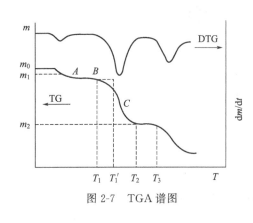

图 2-7 TGA 谱图

T_1 称为分解温度，有时也取 C 点（第二阶段斜率最大处）的切线与 AB 段平台延长线相交处的温度 T_1' 作为分解温度，后者数值偏高。

在 TGA 的测定中，升温速率的增快会使分解温度明显升高，如果升温速率太快，试样来不及达到平衡，会使两个阶段的变化合并成一个阶段，所以要有合适的升温速率，一般为 5～10℃/min。试样颗粒不能太大，不然会影响热量的传递，而颗粒太小则开始分解的温度和分解完毕的温度都会降低。放试样的容器不能很深，要使试样铺成薄层，以免放出大量气体时将试样冲走。如果分解出来的气体或其他气体在试样中有一定的溶解性，会使测定不准确。

热重分析法可用于科学研究、产品开发、质量控制等各个领域，适用于高分子材料（如塑料、橡胶、涂料、油脂等）、无机材料（如陶瓷、合金、矿物、建材等）、食品、药物和各种固液态试样。热重分析法应用于聚合物，主要是研究在空气中或惰性气体中聚合物的热稳定性和热分解作用。除此之外还可以研究固相反应，测定水分、挥发物和残渣，吸附、吸收和解吸，氧化降解，增塑剂的挥发性，缩聚聚合物的固化程度，有填料的聚合物或掺合物的组成以及利用特征热谱图作聚合物的鉴定之用。热重分析仪与红外光谱仪、质谱仪联用，还可对逸出气体进行定性、定量分析。

三、实验试剂和仪器

1. 试剂

聚苯乙烯、聚乙烯等。

2. 仪器

珀金埃尔默 Diamond TGA 综合热分析仪。其结构与性能特点如下。

（1）热重和差热信息同时给出，提供更好的数据说明。

（2）热天平采用差示双天平梁设计原理，克服了实验中梁的增长变化、清洁气体气流变化以及浮力等因素的影响。

（3）热天平采取水平设计，可允许大流量气体流入（100mL/min），对于清除含油挥发物非常理想。同时适用于联用技术 TGA-IR 和 TGA-MS，对逸出气体进行分析。

（4）热重分析法测定非常稳定，因为有参比梁补偿测定中质量的变化，室温到 10000℃热重飘移仅为 $\pm 2\mu g$。

（5）小炉体设计，控温精确，升温速率可达 100℃/min。

四、实验步骤

（1）对样品进行预处理（干燥、研磨、切粒等）。

（2）通入保护气体。

（3）依次开启变压器、炉子、计算机，打开 Diamond 测试软件。

（4）打开热分析仪炉体，天平左侧托盘放置空坩埚作为参比坩埚，天平右侧托盘放置预备用来装样品的空坩埚，关闭炉体，质量清零。

（5）待清零完成后，将待测样品装入右侧坩埚中，放入右侧天平托盘，称重。

（6）待质量读数稳定后，设置样品测试参数。

（7）点击"开始"按钮启动测试，仪器自动记录相关热分析谱图。

（8）待该样品测试完毕，将谱图转换成 ASC 码数据进行保存。

（9）如需测试下一个样品，须等待温度降至测量起始温度，再重复第 2 至第 8 步的操作。

（10）所有样品测试完毕，降温至 300℃以下，关闭测试软件、计算机、变压器以及保护气体，清理实验台及实验室。

（11）将所得数据导入到作图软件中作图，并分析样品的分解过程及其热稳定性。

五、注意事项

（1）注意试样的颗粒大小适中，样品量不能太大，如果挥发分（特别是低挥发分）不是检测对象，试样在实验前最好真空干燥。

（2）热分析仪的天平梁比较容易损坏，故涉及与天平有关的操作时，必须轻、稳、准。

（3）在测试过程中，炉体处于高温状态，因此不要用手触摸，以免烫伤。

六、思考题

（1）Diamond TGA 热分析法的原理是什么？

（2）Diamond TGA 热分析仪在高分子材料研究领域有哪些应用？

实验十五　差示扫描量热法（DSC）测定聚合物的热性能

一、实验目的

（1）掌握差示扫描量热法测定聚合物热性能的基本原理，学会用差示扫描量热仪测定聚合物的玻璃化转变温度（T_g）、熔点（T_m）和结晶温度（T_c）。

（2）了解差示扫描量热法在高分子材料研究领域的应用。

二、实验原理

1. 原理

DSC 仪器分为功率补偿式 DSC 和热流式 DSC。图 2-8 是功率补偿式 DSC 结构示意图。其原理是当试样发生热效应，比如放热时，试样温度高于参比物温度，放置在它们下面的一组差示热电偶产生温差电势，经差热放大器放大后送入功率补偿放大器，功率补偿放大器自动调节补偿加热丝的电流，使试样下面的电流减小，参比物下面的电流增大。降低试样的温度，增高参比物的温度，使试样与参比物之间的温差 ΔT 趋于零。上述热量补偿能及时、迅速完成，使试样和参比物的温度始终维持相同。所以实际记录的是试样和参比物下面两只电热补偿的热功率之差随时间 t 的 dH/dt-t 变化关系。如果升温速率恒定，记录的也就是热功率之差随温度 T 的 dH/dt-T 变化关系，如图 2-9 所示。其峰面积 S 正比于热焓的变化：

$$\Delta H_m = KS$$

式中，K 为与温度无关的仪器常数。因此用 DSC 法可以直接测量热量。

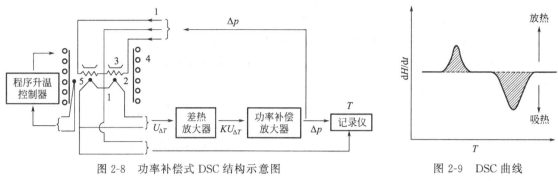

图 2-8 功率补偿式 DSC 结构示意图   图 2-9 DSC 曲线

1—温差热电偶；2—补偿电热丝；3—坩埚；4—电炉；5—控温热电偶

2. 典型的聚合物 DSC 曲线

图 2-10 是典型的聚合物 DSC 曲线模式图。当温度升高，达到玻璃化转变温度 T_g 时，试样的比热容由于局部链节移动而发生变化，一般为增大，所以相对于参比物，试样要维持与参比物相同温度就需要加大试样的加热电流。由于玻璃化转变温度不是相变化，曲线只产生阶梯状位移，温度继续升高，试样发生结晶则会释放大量结晶热而出现放热峰；再进一步升温，结晶的试样发生熔融，会产生吸热峰；进一步升温则试样可能发生氧化、交联反应而放热，出现放热峰；最后试样则发生分解、汽化，出现吸热峰。并不是所有的聚合物试样都存在上述全部物理变化和化学变化。

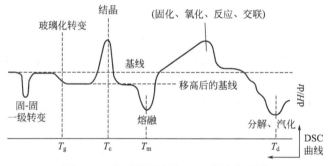

图 2-10 典型的聚合物 DSC 曲线模式图

确定 T_g 的方法是由玻璃化转变前后的直线部分取切线，再在实验曲线上取一点，使其平分两切线间的距离，这一点所对应的温度即为 T_g。

T_m 的确定，由峰的两边斜率最大处引切线，相交点所对应的温度作为 T_m，或取峰顶温度作为 T_m。

T_c 通常也是取峰顶温度。如果试样的 100% 熔融热 ΔH_f^* 已知，则试样的结晶度 X_D 可以用式(2-21) 计算：

$$X_D = \frac{\Delta H_f}{\Delta H_f^*} \times 100\%$$ (2-21)

3. 影响实验结果的因素

DSC 的原理和操作都比较简单，但取得精确的结果却很不容易，因为影响因素太多，这些因素有仪器因素、试样因素。仪器因素主要包括炉子大小和形状、热电偶的粗细和位置、加热速率、测试时的气氛、盛放样品的坩埚材料和形状等。试样因素主要包括颗粒大小、热导性、比热、装填密度、数量等。在固定一台仪器时，仪器因素中的主要影响因素是加热速率，样品因素中主要是样品的数量和形状，在仪器灵敏度许可的情况下，试样应尽可能少。而在测 T_g 时，比热容变化小，样品的量应当适当多一些。

4. DSC 在聚合物研究中的应用

DSC 在聚合物领域有着广泛应用：物理性质的测定，如玻璃化转变温度、熔融温度、结晶温度、结晶度、比热容等；混合物组成的含量测定；吸附、吸收和解吸过程研究；聚合、交联、氧化、分解，反应温度或温区等反应性研究；聚合动力学或反应动力学研究等。

三、实验仪器和试剂

本实验所用试剂为聚苯乙烯、聚乙烯、涤纶等样品。
本实验所用仪器为 PYRIS Diamond 差示扫描量热仪。

四、实验步骤

（1）试样制备。块状试样制成薄片状；丝状试样可绕成小球再压扁；粉状试样粒度均匀；混合试样混合均匀。

（2）开机。打开变压器、保护气体、计算机和热分析主机（注意：开关热分析主机时，操作开关动作应该连贯，迅速将开关扳上或扳下，不要使开关停留在水平位置，以免使电机短路、烧毁），打开测试软件。

（3）试样装入坩埚。试样要尽量居于坩埚的中央，用夹具压实，不可压得过紧。试样量一般不超过坩埚容积的 2/3。

（4）将样品坩埚和参比坩埚放入样品池。

（5）设置测试参数后，在软件界面选择"开始"测试，仪器自动开始运行，运行结束后可以打印所得到的谱图，也可以将谱图转换成 ASC 码数据保存。

（6）如需测试下一个样品，需等待温度降至起始温度，再重复第（3）到第（5）步。

（7）关机。所有样品测试完毕后，先关闭热分析主机，然后退出测试程序，关闭计算机、保护气体、变压器。

（8）将所得数据导入作图软件中作图，确定样品的玻璃化转变温度、结晶温度及熔融温度。

五、思考题

（1）差示扫描量热分析的基本原理是什么？
（2）升温速率对 T_g 的测量结果有何影响？

实验十六　转矩流变仪实验

一、实验目的

掌握转矩流变仪的基本结构及其适应范围；熟悉转矩流变仪的工作原理及其使用方法；通过测定聚烯烃（聚乙烯、聚丙烯树脂）在不同温度或转速下的转矩-时间曲线，进一步分析材料的熔体特性。

二、实验原理

密炼是在密闭条件下加压的塑炼过程。物料被加到混炼室中，受到两个转子所施加的作用力，使物料在转子与室壁间进行混炼剪切，物料对转子凸棱施加反作用力，这个力由转矩传感器测量，转矩值的单位为牛顿·米（N·m）。其转矩值的大小反映了物料黏度的大小。通过热电偶对密炼室温度的控制，可以得到不同温度下物料的转矩。转矩数据与材料的黏度直接有关，但它不是绝对数据。绝对黏度只有在稳定的剪切速率下才能测得，在加工状态下材料是非牛顿流体，流动是非常复杂的湍流，有径向的流动也有轴向的流动，因此不可能将扭矩数据与绝对黏度对应起来。但这种相对数据能提供聚合物材料的有关加工性能的重要信息，这种信息是绝对法的流变仪得不到的。从转矩流变仪可以得到在设定温度和转速下转矩随时间变化的曲线，除此之外，还可同时得到温度曲线等信息。在不同温度和不同转速下进行测定，可以了解加工性能与温度、剪切速率的关系。转矩流变仪在共混物性能研究方面应用最为广泛。转矩流变仪可以用来研究热塑性材料的热稳定性、剪切稳定性和流动行为。

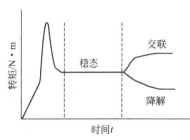

图 2-11　转矩随时间变化的典型曲线

转矩随时间变化的典型曲线如图 2-11 所示。采用密炼测试，高聚物以粒子或粉末的形式被加入到混炼室中时，自由旋转的转子受到来自固体粒子或粉末的阻力，转矩急剧上升；当此阻力被克服后，转矩开始下降并在较短的时间内达到稳态；当粒子表面开始熔融并发生聚集时，转矩再次升高；在热的作用下，粒子的内核慢慢熔融，转矩随之下降；当粒子完全熔融后，物料成为易于流动的宏观连续的流体，转矩再次达到稳态；经过一定时间后，在热和力的作用下，随着交联或降解的发生，转矩会有较大幅度的升高或降低。

三、实验仪器和试剂

Polylab 系统及其附属装置，包括密炼机及其相关附件。
LLDPE（线性低密度聚乙烯）。

四、实验步骤

（1）根据密炼室的容积、转子的体积和树脂的密度，计算并称量所需试样。
（2）正确安装 Polylab 系统与密炼机的各部件。
（3）打开计算机和 Haake 流变仪的电源开关。
（4）根据材料的性质，利用仪器的应用软件，正确设置仪器参数和实验过程中所需要的各种参数（温度、转速、时间）。
实验参数：温度 120℃、130℃、140℃、150℃等。
转速：30r/min、40r/min、50r/min、60r/min、70r/min、80r/min 等。
（5）仪器加热到预定的温度、稳定 20min。预先观察实验仪器是否正常，对转矩传感器进行校正。
（6）加料完成后，将压杆放下并锁紧，然后根据预先设定的程序进行实验，观察转矩和熔体温度随时间的变化。
（7）结束实验，打开密炼机，清理干净密炼机与转子等。
（8）退出所有程序，关闭电源，清理现场。

五、思考题

加料量、转速、测试温度对实验结果有哪些影响？

实验十七 黏度法测定聚合物的黏均分子量

一、实验目的

(1) 掌握黏度法测定聚合物分子量的实验技术，包括恒温槽的安装，黏度计仪器常数的制定。

(2) 掌握黏度法测定聚合物分子量的原理，乌氏黏度计的使用方法以及测定结果的数据处理。

二、实验原理

1. 特性黏度的概念

根据泊肃叶定律，毛细管黏度计测得黏度为

$$\eta = A\rho t \tag{2-22}$$

式中，A 为黏度计仪器常数；ρ 为液体密度；t 为流经黏度计上下刻度线的时间。

在黏度法测聚合物的分子量时，还要用到下面几个黏度名称。

相对黏度 η_r［式(2-23)］为溶液黏度 η 与纯溶剂黏度 η_0 比值。在溶液较稀，$\rho \approx \rho_0$ 时，可近似地看成出时间 t 与纯溶剂流出时间 t_0 的比值，是一个无量纲量。

$$\eta_r = \eta/\eta_0 \approx t/t_0 \tag{2-23}$$

增比黏度 η_{sp}［式(2-24)］表示溶液黏度比纯溶剂黏度增加的倍数，也是无量纲量。

$$\eta_{sp} = \frac{\eta - \eta_0}{\eta_0} = \eta_r - 1 \tag{2-24}$$

比浓黏度 η_{sp}/c 表示单位浓度增加对溶液增比黏度的贡献，比浓黏度的量纲是浓度的倒数。

比浓对数黏度 $\ln\eta_{sp}/c$ 表示单位浓度增加对溶液相对黏度自然对数值的贡献，比浓对数黏度的量纲也是浓度的倒数。

特性黏度 $[\eta]$［式(2-25)］表示单位质量聚合物在溶液中所占流体力学体积的大小。其值与浓度无关，其量纲是浓度的倒数。

$$[\eta] = \lim_{c \to 0} \frac{\eta_{sp}}{c} = \lim_{c \to 0} \frac{\eta_r}{c} \tag{2-25}$$

2. 特性黏度 $[\eta]$ 与分子量的关系

黏度法测定聚合物分子量的依据是 $[\eta]$ 与分子量的关系。与低分子不同，聚合物溶液甚至在极稀的情况下，仍具有较大的黏度。黏度是分子运动时内摩擦力的量度，因而溶液浓度增加，分子间相互作用力增加，运动时阻力就增大。表示聚合物溶液的黏度与浓度的关系常用以下两个公式：

$$\frac{\eta_{sp}}{c} = [\eta] + [\eta]^2 c \tag{2-26}$$

$$\frac{\ln\eta_r}{c} = [\eta] - K'[\eta]^2 c \tag{2-27}$$

式中，K 与 K' 均为常数，其中 K 被称为哈金斯（Huggins）参数。对于柔性链聚合物良溶剂体系，$K=1/3$，$K+K'=1/2$，溶剂变劣，K 变大；如果聚合物有支化，K 随支化度增大而显著增加。

以 η_{sp}/c 对 c 和以 $\ln\eta_r/c$ 对 c 作图，一般得到直线，它们的共同截距即为特性黏度。实验上常测定 5~6 个不同浓度溶液黏度，然后根据上述两公式外推至 $c=0$，这便是常说的外推法。若不同浓度是在同一支黏度计内进行稀释而得，则称为稀释法。

通常上述两公式只是在 $\eta_r=1.2$~1.5 范围内为直线关系。当溶液浓度太高或是分子量太大时均得不到直线，此时只能降低浓度再做一次实验。

特性黏度 $[\eta]$ 的大小受下列因素影响。

① 分子量。线型或轻度交联的聚合物分子量增大，$[\eta]$ 增大。

② 分子形状。分子量相同时，支化分子的形状趋于球形，$[\eta]$ 较线型分子的小。

③ 溶剂特性：聚合物在良溶剂中，大分子较伸展，$[\eta]$ 较大，而在不良溶剂中，大分子较卷曲，$[\eta]$ 较小。

④ 温度：在良溶剂中，升高温度对 $[\eta]$ 影响不大，在不良溶剂中，温度升高，使溶剂变为良好，则 $[\eta]$ 增大。当聚合物的化学组成、溶剂、温度确定以后，$[\eta]$ 值只与聚合物的分子量有关。

聚合物的特性黏度 $[\eta]$ 与分子量的关系为马克-豪温克（Mark-Houwink）方程：

$$[\eta]=KM^\alpha \tag{2-28}$$

这是一个经验方程，只有在相同溶剂、相同温度、相同分子形状情况下才可以用来比较聚合物分子量的大小。式中 K、α 需经绝对的分子量测定方法确定后才可使用。对于大数聚合物来说，α 值一般在 0.5~1.0 之间，在良溶剂中，α 值较大，接近 0.8。溶剂能力减弱时，α 值降低。在 θ 溶液中，$\alpha=0.5$。聚合物的 K、α 值可以查阅聚合物手册。

3. 动能校正和仪器常数的测定

测定黏度的方法有多种，本实验所采用的是测定溶液从一垂直毛细管中经上下刻度所需的时间。重力的作用，除去使液体流动外，还部分转变为动能，这部分能量损耗，必须予以校正。

经动能校正的泊肃叶定律 [式(2-29)] 为

$$\eta/\rho=At-Bt \tag{2-29}$$

式中，η/ρ 称为比密黏度；A、B 为黏度计的仪器常数，其数值与黏度计的毛细管半径 R、长度 L 两端液体压力差 hg、流出的液体体积 V 等有关；B/t 称为动能校正项，当选择适当的 R、L、V 及 h 数值，可使 B/t 数值小到可以忽略，此时实验步骤及计算大为简化。

A、B 的测定有两种不同方法，按式(2-29)解联立方程计算而得。

一种标准液体，在不同标准温度下（其中 η 和 ρ 已知），测定流出时间。

两种标准液体，在同一标准温度下（其中 η 和 ρ 已知），测定流出时间。

本实验采用第二种方法。所用标准液体均应经纯化。本实验中以纯甲苯为一种标准液体，环己烷为另一标准液体。

三、实验装置

恒温槽装置一套（玻璃缸、加热棒、导电表、继电器、精密温度计等）、乌氏黏度计、2 号细菌漏斗、10mL 针筒、有刻度 10mL 移液管、25mL 容量瓶、可读出 0.1s 的停表、洗耳球、医用胶管及黏度计夹停。

1. 恒温槽

由于温度对液体黏度影响很大，所以恒温槽水浴温度的精度要求±0.05℃。

2. 黏度计

本实验采用乌氏黏度计（见图 2-12），其由奥氏黏度计改进而得。乌氏黏度计 3 条管中，B、C 管较细，极易折断。拿黏度计时不能拿 B、C 管，只能拿 A 管。同理，固定黏度计于恒温槽时，铁夹也只许夹着 A 管，特别是把黏度计放于恒温槽中取出时，由于水的浮力，此时若拿 B、C 管，就很容易折断。由于玻璃管弯曲处应力大，任何时候不应同时夹持两支管。

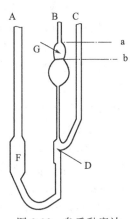

图 2-12 乌氏黏度计

四、实验步骤

1. 溶液的配置

配制一定浓度的聚乙二醇水溶液，用 2 号细菌漏斗过滤。

2. 溶剂流出时间的测定

用移液管量取 10mL 蒸馏水，恒温 10min，测其流出时间 3 次，保证每两次时间差小于 0.2s，取平均值。

3. 溶液流出时间的测定

与测定溶剂的方法相同。把已烘干的黏度计垂直夹持于恒温槽中，用移液管准确吸 10mL 已过滤的溶液，放入黏度计，等 10min 待温度平衡后，测定其流出时间。然后依次加入溶剂 5mL、5mL、10mL，把黏度计内的溶液稀释为原来浓度的 2/3、1/2、1/3，各测其流出时间，分别记为 $t_2 \sim t_4$（3 次平均值）。注意各次加溶剂后，必须将溶液摇动均匀，并抽上 G 球 3 次，使其浓度均匀，再进行测定。抽出的时候一定要很慢，更不能有气泡抽上去，否则会使溶剂挥发，浓度改变，使测得时间不准确。

测完后，马上倾出溶液，并用溶剂立即洗涤黏度计，至溶剂流出时间与原来的相同。

五、注意事项

（1）黏度计应充分清洗。

（2）浓度改变时应充分混合。

六、思考题

使用乌氏黏度计应注意哪些问题？

实验十八 凝胶渗透色谱-激光光散射仪联用测聚合物分子量及其分布

一、实验目的

（1）掌握凝胶渗透色谱的分离原理及激光光散射仪测分子量的原理。

（2）熟悉凝胶渗透色谱-激光光散射仪联用测试分子量及其分布的方法。

二、实验原理

凝胶渗透色谱法（gel permeation chromatography），简称 GPC，是目前能完整测定分子量分布的唯一方法，而其他方法只能测定平均分子量。

1. GPC 的分离机理——体积排除理论

(1) GPC 是液相色谱的一个分支，其分离部件是以多孔性凝胶作为载体的色谱柱，凝胶的表面与内部含有大量彼此贯穿的大小不等的空洞。GPC 法就是通过这些装有多孔性凝胶的分离柱，利用不同分子量的高分子在溶液中的流体力学以及大小不同进行分离，再用检测器对分离进行检测，最后用已知分子量的标准物对分离物进行校正的一种方法。

(2) 在聚合物溶液中，高分子链卷曲缠绕成无规线团状，在流动时，其分子链间总是裹挟着一定量的溶剂分子，即表现出的体积称之为"流体力学体积"。对于同一种聚合物而言，是一组同系物的混合物，在相同的测试条件下，分子量大的聚合物，其溶液中的"流体力学体积"也就大。

(3) 作为凝胶的物质要具有以下性质：表面的孔径与聚合物分子的大小是可比的，并且孔径有一定的分布；要有一定的机械强度、一定的热稳定性和化学稳定性；对于极性较强的分子，还要考虑凝胶的极性等。凝胶表面的孔径分布对不同分子量的分离起到重要作用。一般常用的凝胶有交联度很高的聚苯乙烯凝胶或多孔硅胶、多孔玻璃、聚丙烯酰胺、聚甲基丙烯酸等。

(4) 色谱柱的总体积 V_t 由载体的骨架体积 V_g、载体内部的孔洞体积 V_i 和载体的粒间体积 V_o 组成。当聚合物溶液流经多孔性凝胶粒子时，溶质分子即向凝胶内部的孔洞渗透，渗透的概率与分子的尺寸有关，可分为 3 种情况。

① 高分子的尺寸大于凝胶中所有孔洞的孔径，此时高分子只能在凝胶颗粒的空隙中存在，并首先被淋洗出来，其淋洗体积 V_e 等于凝胶的粒间体积 V_o，因此对于这些分子没有分离作用。

② 分子量很小的分子由于能进入凝胶的所有孔洞，因此全部在最后被淋洗出来，其淋洗体积等于凝胶内部的孔洞体积 V_i 与凝胶的粒间体积 V_o 之和，即 $V_e = V_i + V_o$，对于这些小分子同样没有作用。

③ 分子量介于以上两种之间的分子，其中较大的分子能进入较大的孔洞，较小的分子不但能进入较大、中等的孔洞，而且也可以进入较小的孔洞。这样大分子能渗入的孔洞数目比小分子少，即渗入概率与渗入深度皆比小分子少，换句话说，在柱内小分子流过的路径比大分子的长，因而在柱中的停留时间也长，所以需要较长的时间才能被淋出，从而达到分离目的。

2. 分离物的检测及原始数据的求得

(1) 从淋洗开始，以一定的体积接收淋洗级分，将每一级分按顺序编号，每一次接收到的淋洗级分的溶液体积为"淋洗体积"。在每一级分的接收瓶中加入适量的沉淀剂，经搅拌、沉淀、静置后，放入检测仪器中，测得每一级分的光密度值 D 或折射率差 Δn，在非常稀的溶液中正比于淋洗组分的相对浓度 Δc。

(2) 以每一级分的淋洗体积 V_e 为横坐标，光密度值 D 或折射率差 Δn 为纵坐标作图，此图即为样品的 GPC 谱图。

3. 校正曲线

校正曲线是表示分子量与淋洗体积之间对应关系的曲线。在作校正曲线时，一般是在给定的测试条件下，用一组已知分子量的单分散、窄分布的标准样品，注入 GPC 仪，分别测得各自的 GPC 谱图。将不同分子量样品的 GPC 谱图峰值点对应的淋洗体积 V_e 对各自分子量的对数作图，得标样校正曲线。由于 GPC 法是按分子"流体力学体积"大小分离的，"流体力学体积"相同其分子量不一定相同，所以标样校正曲线只能校正同一种高聚物。校正曲线的直线部分，可用简单的线性方程表示：

$$lgM = A + BV_e \tag{2-30}$$

式中，A、B 为常数，与仪器、淋胶、操作条件有关，其数值可由校正曲线得到，其中 B 是校正曲线的斜率，同柱效率有密切关系，B 值越小，柱子的分辨率越高。对于不同类型的高分子，在分子量相同时其分子尺寸并不一定相同。而许多聚合物不易获得再分布的标准样品进行标定，因此希望能借助于某一聚合物的标准样品在某种条件下测得的标准曲线，通过转换关系不在相同条件下用于其他类型的聚合物试样。这种自校正曲线称为"普适校正曲线"。由于 GPC 法的分离是"体积排除"，根据 Flory 的物性黏性理论，$[\eta]M$ 可以用来表征流体力学体积，根据在同一淋出体积时被测样品与标样的流体力学体积相等，将校正曲线的纵坐标改成 lgM 就变成普适校正曲线。如已知在测定条件下两种聚合物的 K、a 值，则只要知道某一淋出体积的标样的分子量 M_1，就可算出同一淋出体积下其他聚合物的分子量 M_2。

三、实验仪器

DAWN HELEOS-Ⅱ型凝胶渗透色谱-激光光散射仪，主要有五大部分组成。

1. 泵系统

它包括一个溶剂储存器，一套脱气装置和一个柱塞泵。它的主要作用是使溶剂以恒定的流速流入色谱柱。泵的稳定性越好，色谱仪的测定结构就越准确。一般要求测试时，泵的流量误差应低于 0.1mL/min。

2. 进样系统——注射器

3. 分离系统——色谱柱

色谱柱是 GPC 仪的核心部件，被测样品的分离效果主要取决于色谱柱的匹配及其分离效果。每根色谱柱都具有一定的分子量分离范围和渗透极限，有其使用的上限和下限。当高分子中的最小尺寸的分子比色谱柱的最大凝胶颗粒的尺寸还要大或其最大尺寸的分子比凝胶孔的最小孔径还要小时，色谱柱就失去分离的作用。因此，在使用 GPC 法测定分子量时，必须选择与聚合物分子量范围相匹配的柱子。色谱柱有多种，根据凝胶填料的种类可分为以下几类：有机相：交联 PS、交联聚乙酸乙烯酯、交联硅胶；水相：交联葡萄糖、交联聚丙烯酰胺。对填料的基本要求是填料不能与溶剂发生反应或被溶剂溶解。

4. 检测系统

用于 GPC 的检测器有多波长紫外、示差折光、示差＋紫外、质谱（MS）、FTIR 等多种。该 GPC 仪配备的是示差折光检测器与十八角度激光光散射仪。

示差折光检测仪是一种浓度监测仪，它是根据浓度不同折射率不同的原理制成的，通过不断检测样品流路和参比流路中的折射率的差值来检测样品的浓度。激光光散射仪是一种分子量监测仪，分子量越高，尺寸越大，散射信号越强。

5. 数据采集与处理系统

数据自动保存，由 ASTRA 软件处理。

本实验所测样品为聚乙二醇，流动相为 0.1mol/L 的 $NaNO_3$＋0.2g/L 的 NaN_3 水溶液（DMF 为流动相时，需配制成 0.05mol/L 的 LiBr/DMF 溶液），测试温度为 35℃（DMF 时为 60℃）。

四、实验步骤

（1）严格填写样品登记表，不认真填写登记表的样品不做，样品必须可以溶解于 DMF

或盐水体系中，不溶的样品不做，溶解不充分的样品不做，或要进行过滤；对于做 DMF 体系的样品不得含有卤素基团、—NH$_2$、—NH、—OH 基团，否则要加以处理，屏蔽该基团。

（2）根据所作实验认真配制样品。

（3）开机后，不论单机还是联机测试，都要对仪器进行充分清洗平衡。

（4）打开泵的电源，自检通过后，以 0.1mL/min 的起始流速，每 1～2min 提高 0.1mL 的速度，将流速调整至实验流速（水相 0.5mL/min，有机相 1.0mL/min）。

（5）打开 HELEOS 的电源，3～4min 后通过自检，自动进入实验界面，用泵或注射器将溶剂注入仪器，基线冲洗成一条直线（噪声在最佳状态下一般小于十万分之 5V），即可开始实验了。

（6）示差 OPTILAB rEX，在清洗平衡过程中，要打开"PURGE"，充分清洗参比和样品池；清洗过程中不时打开、关上"PURGE"，赶出气泡，然后关上"PURGE"，回零（ZERO）即可开始实验。

（7）如做 GPC 联机实验，在软件设置好前，将进样阀扳至"LOAD"状态。

（8）在软件中选择正确的实验模板，设置参数，点击"RUN"，开始实验。

（9）采集、处理数据。

（10）充分清洗仪器。

（11）将流速以 0.1mL/（1～2min）的速率下调至 0。

（12）关机。

五、注意事项

（1）对于样品处理、溶解要严格按照要求执行。

（2）样品和溶剂都要严格过滤。

（3）示差结构特殊，不要忘记打开"PURGE"冲洗。

（4）替换溶剂要注意溶剂之间的互溶性。

（5）泵流速升降一定要慢，否则会造成柱子的损坏。柱子为耗材，不在保修范围之内。

（6）做单机实验最好选择进口滤头，国产滤头易破，会造成管路堵塞。

六、思考题

使用凝胶渗透色谱-激光光散射仪联用测聚合物分子量时应注意哪些问题？

实验十九　聚合物的红外光谱分析

一、实验目的

（1）了解红外分光光度计的构造和工作原理，学习红外光谱的实验方法。

（2）理解化合物产生红外吸收光谱的基本原理，初步掌握聚合物的红外光谱及其结构的关系、谱图解释的一般方法。

（3）初步学会查阅红外谱图，定性分析聚合物。

二、实验原理

红外光谱起源于分子振动状态的改变。因为红外光量子的能量较小，所以当物质吸收后，只能引起原子的振动、分子转动、键的振动。按照振动时键长和键角的改变，相应的振动形式有伸缩振动和弯曲振动，而对于具体的基团与分子振动，其形式名称则多种多样。每种振动形式通常相应于一种振动频率，其大小用波长或"波数"来表示（波数是波长的倒数，单位为 cm^{-1}，它不等于频率）。对于复杂的分子，则有很多"振动频率组"，而每种基团和化学键，都有其特征的吸收频率组，犹如人的指纹一样。

分子振动能级间的能差 $\Delta E_v = 0.05 \sim 1.0eV$，与红外光（$2.5 \sim 25\mu m$）的能量相当。当红外光照射物质时，可引起物质分子振动能级的跃迁，产生为该物质所特有的红外吸收光谱，分子结构不同的化合物将给出不一样的红外吸收光谱。所以，利用红外光谱方法可以研究化合物的结构，鉴定未知物。

含有 N 个原子的非线型分子有 $3N-6$ 个振动自由度，叫 $3N-6$ 个基频振动，每一种基频振动并不都对应着红外光谱带，只有在振动时，分子或分子的一部分偶极矩发生变化的振动才能被红外这种电磁辐射所激发，因而是红外活性的，而那些偶极不发生的振动不产生红外光谱带。分子的振动形式分为伸缩振动和弯曲振动两大类。改变键长的振动叫伸缩振动，改变键角的振动叫弯曲振动。含有 N 个原子的非线型分子有 $N-1$ 个伸缩振动和 $2N-5$ 个弯曲振动，含有 N 个原子的非线型分子有 $N-1$ 个伸缩振动和 $N-5$ 个弯曲振动。

对于简单分子，可用数学方法进行处理，求出各基团或化学键的振动频率的近似值，而对复杂分子用数学处理就非常困难。但是，人们在大量实践的基础上发现了一个规律，叫做基团特性频率（或简称为基团频率或特性频率），即在不同化合物中，同一种基团或化学键产生大致相同的红外吸收频率。例如，基化合物中，$C=O$ 基的伸缩振动频率在 $1650 \sim 1780cm^{-1}$ 这个窄的范围内变化。有 $C=O$ 基的伸缩频率约为 $1735cm^{-1}$，酰胺中 $C=O$ 基的伸缩频率在 $1650cm^{-1}$。把各类化合物中的基团特征频率编排的基团频率表是红外光谱分析工作不可缺少的资料，它在红外光谱专著中均可找到。基团特征频率会受到分子内及环境的影响而发生位移，这是需要注意的问题。红外光谱结构分析是根据光谱与结构的对应关系来实现的。各种化合物的红外光谱是不相同的，犹如人的指纹一样，没有两个是完全一样的。因此，利用红外光谱可能进行未知物的鉴定。所得谱图如何分析，没有一套完整的、普遍适用的方法。目前，使用的方法步骤是，先高频后低频，高频区（$4000 \sim 1300cm^{-1}$）也叫官能团区或特征频率区，该区的谱带与基团的对应关系较好，因而特性较强，由该区的谱带能识别化合物的类型。低频区（$1300 \sim 650cm^{-1}$）又叫指纹区，该区的谱带数量多，间隙少，很容易重叠在一起，该区谱带位置也容易受到分子内外环境影响而发生位移，因此基团与频率的对应性差。而且有些谱带也不好解释，但该区谱带可以反映出分子结构的细节，如苯环的取代情况等。谱图分析应抓住以下 3 个重要特征。

①谱带的波长或波数位置，这是结构研究和定性分析最重要的数据。

②谱带的形状，一般含有氢键和离子的有机物以及大部分无机物往往出现某些很宽的谱带。

③谱带的相对强度可以得到某些量的概念。

鉴定未知物的一般步骤如下。

(1) 了解未知物的情况，如物态、外观、用途、类别、性能要求、产地、年代等，可大致判断未知物的类型，使范围缩小。

(2) 最好能做初步检查工作，如燃烧实验、溶解性实验等。

(3) 原始样品经制样操作，做成适于测定红外光谱的样品，原始样品都是混合物需分离提纯，这项工作是剖析成败的关键。

（4）经分离确定其为较纯化合物还是混合物，若为混合物则需进行分离和提纯，一般情况下，提纯后所得组分再行制样，记录光谱。

（5）对谱图进行分析，并作出判断，要使用频率表、标准谱图、参考书等工具，这是一件耐心细致又很费时间和精力的工作。

（6）为证实判断是否正确，最好做一下证实实验，如测定 1～2 个物理常数。

三、实验仪器和试剂

Nicolet iS10 型 Fourier 变换红外光谱仪（美国 Thermo Fisher Scientific 公司）。
PEG，PET，KBr。

四、实验步骤

1. 开机

开启电源稳压器，打开电脑、打印机及仪器电源。在操作仪器采集谱图前，先让仪器稳定 20min 以上。

2. 制样

采用 KBr 压片法制备固体粉末样品，或涂膜用 ATR 附件。

3. 仪器自检

在 Windows 桌面上双击打开软件 OMNIC 后，仪器将自动检测并在右上角"状态"出现绿色"√"，表示电脑和仪器通讯正常。

4. 参数设置

点击"采集"→"实验设置"→"采集"对采集参数包括扫描次数、分辨率、Y 轴格式、谱图修正、文件管理、背景处理、实验标题、实验描述等进行设定；可点击"光学台"，检查干涉图是否正常，有问题时点击"诊断"进行检查、调整。保存实验参数。

5. 采集背景光谱

将背景样品放入样品仓或以空气为背景，按"采集背景"按钮，出现提示"背景，请准备背景采集"，点击"确定"，开始采集背景光谱（背景采集的顺序要同采集参数中"背景处理"一致）。

6. 采集样品光谱

制备样品压片，点击图标"采集样品"按钮，出现对话框，输入谱图标题，点"确定"，出现提示"样品，请准备样品采集"，插入样品压片，点击"确定"，开始采集样品光谱。

7. 文件保存

点击菜单"文件"→"保存"（或"另存为"），选择保持的路径、文件类型、文件名，保存。

五、注意事项

（1）所用 KBr 最好应为光学试剂级，至少也要分析纯级。使用前应适当研细（2.5μm 以下），并在 120℃以上烘 4h 以上后放置于干燥器中备用。如发现结块，则应重新干燥。制备好的空 KBr 片应透明，与空气相比，透光率应在 75％以上。

（2）压片时，应先取供试品研细后再加入 KBr 再次研细研匀，这样比较容易混匀。

（3）压片法时取用的供试品量一般为 1～2mg，因不可能用天平称量后加入，并且每种样品对红外光的吸收程度不一致，故常凭经验取用。一般要求所测得的光谱图中绝大多数吸收峰处于 10%～80% 透光率范围内。最强吸收峰的透光率如太大（大于 30%），则说明取样量太少；相反，如最强吸收峰的透光率为接近 0%，且为平头峰，则说明取样量太多，此时均应调整取样量后重新测定。

（4）压片时 KBr 的取用量一般为 200mg 左右（也是凭经验），应根据制片后的片子厚度来控制 KBr 的量，一般片子厚度应在 0.5mm 以下，厚度大于 0.5mm 时，常可在光谱上观察到干涉条纹，对实验样品光谱产生干扰。

（5）测试样品时尽量减少室内人数，无关人员最好不要进入，还要注意适当的通风换气，使二氧化碳降低到最低限度以保证图谱质量。

（6）维护保养：防止仪器受潮而影响使用寿命，红外实验室应经常保持干燥。

（7）光学台中的平面反射镜和聚焦用的抛物镜，如果上面附有灰尘，只能用洗耳球将灰尘吹掉，吹不掉的灰尘不能用有机溶剂冲洗，更不能用镜头纸擦掉，否则会降低镜面的反射率。

（8）压片用模具用后应立即把各部分擦干净，必要时用水清洗干净并擦干，放于干燥器中保存，以免锈蚀。

六、实验记录及数据处理

（1）利用软件 OMNIC 打开样品的数据文件，进行各种分析。

（2）写出样品谱图中各谱带的波数位置及相应基团的振动方式，包括强谱带中强谱及某些特征性很强的弱谱带。

七、思考题

影响聚合物红外吸收光谱峰强度及位置的因素有哪些？

实验二十　聚合物硬度的测定

一、实验目的

（1）掌握邵氏硬度计与巴氏硬度计的使用方法。

（2）熟悉测定高分子材料硬度的操作规程，并能够分析影响测定结果的因素。

二、实验原理

邵氏硬度计：在标准的弹簧压力下和规定的时间内，将规定形状的压针压入试样的深度转换为硬度值。

三、实验装置

Lx-A 型邵氏硬度计。
橡胶皮 2 块，厚度大于 6mm。

四、实验步骤

（1）安放硬度计 [$T=(23\pm5)$℃，稳定 1h]。

（2）将试样放置于平台上，将硬度计压针平稳无冲击地压在试样上，1s 内读数。

（3）每个试样测 3 个点，取其平均值。

五、注意事项

（1）测量时应注意指针的位置是否在零点。

（2）样品的硬度不能超出仪器的量程。

六、思考题

影响邵氏硬度计测试的因素有哪些？

实验二十一　溶胀法测定天然橡胶的交联度

一、实验目的

（1）掌握溶胀法测定交联聚合物平均分子量 $\overline{M}_c$ 的基本原理及实验技术。

（2）了解交联密度测定仪的工作原理。

（3）熟悉交联聚合物的性能与交联度的关系。

二、实验原理

交联聚合物在适当的溶剂中，特别是在其良溶剂中，由于溶剂的溶剂化作用，溶剂小分子能够钻到交联聚合物的交联网格中去，使网格伸展，总体积随之增大，这种现象称为溶胀。溶胀是交联聚合物的一种特性，即使在良溶剂中交联的聚合物也只能溶胀到某一程度，而不能溶解。交联聚合物的溶胀过程包括两个部分：一方面溶剂力图渗入聚合物内部使其体积膨胀；另一方面由于交联聚合物体积膨胀而导致网状分子链向三维空间伸展，使分子网受到应力产生弹性收缩能，力图使分子网收缩。当两种相反倾向相互抵消时，达到了溶胀平衡，溶胀停止。

在溶胀过程中，溶胀体内的混合自由能变化 ΔF 应由两部分组成：一部分是高分子与溶剂的混合自由能 ΔF_m，另一部分是分子网的弹性自由能 ΔF_d。

$$\Delta F = \Delta F_m + \Delta F_d \tag{2-31}$$

根据晶格理论，高分子与溶剂混合自由能为：

$$\Delta F_m = RT(n_1 \ln \varphi_1 + n_2 \ln \varphi_2 + \chi_1 n_1 \varphi_2) \tag{2-32}$$

式中，n_1，n_2 分别为溶剂和聚合物的物质的量；φ_1，φ_2 分别为溶剂和聚合物的体积分数；χ_1 为溶剂-大分子相互作用参数。

图 2-13　溶胀示意图

交联聚合物的溶胀过程类似橡皮的形变过程，如图 2-13 所示，因此由高弹统计理论得知：

$$\Delta F_{el} = \frac{1}{2} NRT(\lambda_1^2 + \lambda_1^2 + \lambda_3^2 - 3) \tag{2-33}$$

式中，N 为单位体积内交联的数目；λ_1、λ_2、λ_3 分别为 x、y、z 方向上的拉伸长度比。

假定样品是各向同性的自由溶胀，则 $\lambda_1 = \lambda_2 = \lambda_3 = \lambda$，式（2-33）就可写为：

$$\Delta F_{el} = \frac{3}{2} NRT(\lambda^2 - 1) = \frac{3}{2} \rho RT / \overline{M}_c (\lambda^2 - 1) \tag{2-34}$$

式中，ρ 为聚合物的密度；$\overline{M}_c$ 为两交联点之间的平均分子量。

如果样品未溶胀时的体积是 $1cm^3$ 立方体，溶胀后的每边长为 λ，则 $\varphi_2 = 1/\lambda^3$，可求溶剂的偏摩尔弹性自由能。

$$\Delta\mu_1^{el} = \frac{\partial\Delta F_d}{\partial n_1} = \frac{\rho RT}{\overline{M}_c}V_1\varphi_2^{1/3} \tag{2-35}$$

式中，V_1 为溶剂的偏摩尔体积。

聚合物溶液的偏摩尔自由能为：

$$\Delta\mu_1^m = \frac{\partial\Delta F_m}{\partial n_1} = RT[\ln\phi_1 + \phi_2(1-1/X) + \chi_1\phi_2^2] \tag{2-36}$$

交联聚合物的 $X \to \infty$，因此：$\Delta\mu_1^m = RT[\ln\varphi_1 + \varphi_2 + \chi_1\varphi_2^2]$

溶胀达到平衡时：$\ln(1-\varphi_2) + \varphi_2 + \chi_1\varphi_2^2 + \dfrac{\rho V_1}{\overline{M}_c}\varphi_2^{1/3} = 0$

即

$$\ln(1-\varphi_2) + \varphi_2 + \chi_1\varphi_2^2 + \frac{\rho V_1}{\overline{M}_c}\varphi_2^{1/3} = 0 \tag{2-37}$$

当已知 χ_1 后，只要测定 φ_2（聚合物在溶胀平衡时的溶胀体中所占的体积分数），就可由上式计算出交联点之间的平均分子量 $\overline{M}_c$。$\overline{M}_c$ 是交联程度的一种量度，$\overline{M}_c$ 越大，交联点之间的分子链越长，交联程度越小；$\overline{M}_c$ 越小，则交联程度越大。一般定义交联度为：

$$q = \frac{M}{\overline{M}_c} \tag{2-38}$$

式中，q 为交联度；M 为交联聚合物中一个单体链节的分子量。在这里要注意的是，溶胀法测定交联度仅适用于中等交联度的聚合物。交联程度太大或太小的聚合物都不适合用溶胀法测其交联度。

三、实验仪器和试剂

溶胀计，镊子，大试管（带塞），50mL 烧杯，恒温水槽 1 套。

不同交联度的天然橡胶样品各 0.5g，甲苯 5mL。

四、实验步骤

（1）溶胀液的选择：溶胀计内的溶胀液应与待测样品不发生化学反应及物理作用，且毒性、挥发性要小。本实验用甲苯作溶胀液。

（2）称取 0.5g 左右的橡胶样品，放入大试管中，加入约 5mL 甲苯使试样完全浸于其中，盖上塞子，放入 25℃ 恒温水浴，开始溶胀。

（3）间隔一定时间测一次溶胀体质量变化，直至样品质量不再变化，即溶胀平衡为止（本实验溶胀时间为 2h）。

（4）用镊子取出溶胀体，快速用滤纸擦干其表面的溶剂，并称其质量。

（5）计算橡胶样品在溶胀平衡时的溶胀体中所占的体积分数 φ_2，求出交联点间的平均分子量 $\overline{M}_c$，再求出交联度 q 值。

[注] 该体系中温度为 25℃，甲苯的摩尔体积为 106.4mL/mol，聚合物-溶剂相互作用参数 0.437，聚合物密度 $0.973g/cm^3$，甲苯密度 $0.8665g/cm^3$。

五、注意事项

（1）温度的控制要精确到 ±0.1℃。

（2）溶胀结束后样品的称量要迅速，尽可能减小溶剂挥发带来的误差。

六、思考题

（1）简述溶胀法测定交联聚合物交联度的优点和局限性。

（2）简述线型聚合物、网状结构聚合物以及体型聚合物在适当的溶剂中，它们的溶胀情况有何不同？

附　录

附录一　常用溶剂的物理参数

溶剂	沸点/℃	熔点/℃	密度(20℃)/(g/cm³)	黏度			折光指数	
				20℃	25℃	30℃	20℃	25℃
醋酸	117.9	16.60	1.0492	1.21	—	1.040	1.37160	1.36995
丙酮	56.24	−95.35	0.7899	0.324	0.315	0.2954	1.35880	1.35609
苯	80.10	5.50	0.87865	0.52	0.6026	0.564	1.50110	1.49790
苯甲醇	205.3	−15.30	1.0419	5.8	—	4.650	0.5396	1.5371
正丁醇	117.25	−89.53	0.8098	2.948	—	2.271	1.39931	1.3970
四氯化碳	76.54	−22.99	1.5940	0.969	0.876	0.843	1.46010	1.45759
氯仿	61.7	−63.55	1.4832	0.568	0.542	0.514	1.4459	—
环己烷	80.74	6.55	0.77855	0.979	0.898	0.825	1.42623	1.42354
环己酮	155.65	−16.40	0.9487	2.453	—	1.803	1.4507	—
二甲基甲酰胺	153.0	−60.48	0.9478	—		—	1.4305	1.4269
甲醇	64.96	−93.90	0.7914	0.597	0.547	1.510	1.3288	1.32663
正辛烷	125.66	−56.80	0.7025	0.5458	0.5136	0.472	1.39743	1.39505
正己烷	68.95	−95.30	0.6603	0.326	0.294	0.278	1.37506	1.37226
正庚烷	98.43	−90.61	0.68376	0.406	0.386	0.364	1.38777	1.38512
正丙醇	97.4	−126.50	0.8035	2.256	—	1.722	1.3850	1.3835
四氢呋喃	64~65	−65.00	0.8892	0.486	—	0.438	1.4050	1.4040
四氢化萘	207.57	−35.80	0.9702	2.202	2.003	—	1.54135	1.53919
甲苯	110.62	−95.00	0.8669	0.590	0.5516	0.526	1.4961	1.49413
水	100.0	0	0.99823	1.0050	0.8937	0.8007	1.33299	—
乙醇	78.5	−114.50	0.7893	1.200	1.078	1.003	1.3611	1.35941
乙酸乙酯	77.06	−83.58	0.9003	0.455	0.426	0.400	1.37239	1.36979

附录二　某些聚合物的特性黏度-分子量关系参数表

聚合物	溶剂	温度/℃	K /10^3(mL/g)	α	分子量范围 M /10^4	测定方法	分级否
苯乙烯（低压）	联苯	127.5	323	0.50	2~30	LV	分
聚乙烯（低压）	十氢化萘	135	62	0.70	2~105	LS	分
聚乙烯（低压）	四氢化萘	105	16.2	0.03	13~57	LS	分
聚乙烯（高压）	十氢化萘	70	38.73	0.738	0.2~3.5	OS	分
聚异丁烯（高压）	对二甲苯	81	105	0.63	1~10	OS	未
聚异丁烯	苯	24	107	0.50	18~188	LV	分
聚异丁烯	四氯化碳	30	29	0.68	0.05~126	OS	分
聚异丁烯	甲苯	15	24	0.65	1~146	LV	分
无规立构	苯	25	27.0	0.71	6~31	OS	分
无规立构	甲苯	30	21.0	0.725	2~34	OS	分
等规立构	联苯	125.1	152	0.50	5~42	LV	分
等规立构	十氢化萘	135	11.0	0.80	2~62	LS	分
间规立构	戊烷	30	31.2	0.71	9~45	LS	分
聚丙烯酰胺	水	30	6.31	0.80	2~50	SD	分
聚丙烯酸	1mol/L NaCl 水溶液	25	15.47	0.90	4~50	OS	分
聚丙烯酸	2mol/L NaOH 水溶液	25	42.2	0.64	4~50	OS	分
聚丙烯腈	-丁内酯	20	34.3	0.73	4~40	LV(LS)	分
聚丙烯腈	二甲亚砜	20	32.1	0.75	9~40	LV	分
聚甲基丙烯酸	丙酮	25	5.5	0.77	28~160	LS	分
聚甲基丙烯酸	丙酮	30	20.2	0.52	4~45	OS	分
聚甲基丙烯酸	苯	25	2.58	0.85	20~130	OS	—
聚甲基丙烯酸	苯	35	12.8	0.71	5~30	OS	分
聚甲基丙烯酸	甲苯	30	7.79	0.697	25~190	LS	分
聚甲基丙烯酸	甲苯	35	21	0.60	12~69	LS	分
无规立构	丙酮	25	7.5	0.70	3~90	LS	分
无规立构	苯	20	0.35	0.73	7~700	SD	分
无规立构	丁酮	25	7.1	0.72	41~330	LS	分
无规立构	氢仿	20	9.6	0.70	1.4~60	OS	—
等规立构	丙酮	30	23.0	0.63	5~120	LS	分
等规立构	乙腈	20	130	0.410	3~19	LV	分
等规立构	苯	30	5.2	0.76	5~120	LS	分
聚乙烯醇	水	25	20	0.76	0.6~2.1	OS	分
聚乙烯醇	水	25	300	0.50	0.9~17	SD	—
聚乙烯醇	水	30	42.8	0.64	1~80	LS	分
聚氯乙烯	氯苯	30	71.2	0.59	3~19	SA	分

聚合物	溶剂	温度/℃	K /10^3(mL/g)	α	分子量范围 M /10^4	测定方法	分级否
聚氯乙烯	环己酮	20	11.6	0.85	2~10	OS	分
聚氯乙烯	四氢呋喃	20	3.63	0.92	2~17	OS	分
聚氯乙烯	四氢呋喃	25	16.3	0.766	2~30	LS	分
聚醋酸乙烯	丙酮	25	21.4	0.60	4~34	OS	分
聚醋酸乙烯	丙酮	30	17.6	0.68	2~163	OS	分
聚醋酸乙烯	丁酮	25	13.4	0.71	25~346	LS	分
聚醋酸乙烯	丁酮	30	10.7	0.71	3~120	LS	分
聚苯乙烯	氯仿	25	20.3	0.72	4~34	OS	分
无规立构	苯	20	6.3	0.78	1~300	SD	分
无规立构	苯	25	9.52	0.744	3~61	OS	分
无规立构	丁酮	25	39	0.58	1~100	LS	分
无规立构	氯仿	25	7.16	0.76	12~280	LS	分
无规立构	环己烷	34	82	0.50	1~70	LV	分
无规立构	环己烷	35	80	0.50	8~84	LS	分
无规立构	甲苯	20	4.16	0.788	4~137	LS	分
无规立构	甲苯	25	7.5	0.75	12~200	LS	分
无规立构	甲苯	30	11.0	0.725	8~85	OS	分
等规立构	苯	30	9.5	0.77	4~75	OS	—
等规立构	氯仿	30	25.9	0.734	9~32	OS	分
等规立构	甲苯	30	11.0	0.725	3~37	OS	分

注：OS—渗透压法；LS—光散方法；LV—特性黏度法；SD—沉降和扩散法；SA—沉降平衡法。

附录三　某些聚合物 θ 溶剂表

聚合物	溶剂名称	组成比例	θ温度/℃	方法
聚乙烯	正戊烷	—	−85	PE
聚乙烯	正己烷	—	133	PE
聚乙烯	二苯基甲烷	—	142.2	PE
聚乙烯	正辛醇	—	180.1	PE
聚乙烯	硝基苯	—	＞200	PE
聚乙烯	联苯	—	125	PE
聚丙烯	四氯化碳/正丙醇	74/26	25	CT
聚丙烯	四氯化碳/正丁醇	67/33	25	CT
聚丙烯	正己烷/正丁醇	68/32	25	CT
聚丙烯	正己烷/正丙醇	78/22	25	CT
聚丙烯	甲基环己烷/正丙醇	69/31	25	CT
聚丙烯	甲基环己烷/正丁醇	66/34	25	CT
聚甲基丙烯酸甲酯	苯/正己烷	70/30	20	CT

聚合物	溶剂名称	组成比例	θ温度/℃	方法
聚甲基丙烯酸甲酯	苯/异丙醇	62/38	20	CT
聚甲基丙烯酸甲酯	丁酮/异丙醇	50/50	23	A_2(LS)
聚甲基丙烯酸甲酯	丙酮/甲醇	78.1/21.9	25	CT
聚甲基丙烯酸甲酯	丁酮/环己烷	59.5/40.5	25	CT,A_2(LS)
聚甲基丙烯酸甲酯	四氢化碳/正己烷	99.4/0.6	25	CT
聚甲基丙烯酸甲酯	四氢化碳/甲醇	53.3/46.7	25	CT
聚甲基丙烯酸甲酯	甲苯/正己烷	1.2/18.8	25	CT
聚甲基丙烯酸甲酯	甲苯/甲醇	35.7/64.3	26.2	PE,A_2(LS)
聚甲基丙烯酸甲酯	环己烷/甲苯	86.9/13.1	15	PE
聚甲基丙烯酸甲酯	反式+氢化萘/顺式+氢化萘	79.6/23.1	19.3	PE
聚苯乙烯	苯/正己烷	36/61	20	CT
聚苯乙烯	苯/异丙醇	66/34	20	CT
聚苯乙烯	丁酮/异丙醇	85.7/14.3	23	A_2(LS,OP)
聚苯乙烯	苯/环己烷	38.4/61.6	25	CT,A_2(LS)
聚苯乙烯	苯/正己烷	34.7/65.3	25	CT,A_2(LS)
聚苯乙烯	苯/甲醇	77.8/22.2	25	CT,A_2(LS)
聚苯乙烯	苯/异丙醇	64.2/35.8	25	CT,A_2(LS)
聚苯乙烯	丁酮/甲醇	88.7/11.3	25	CT,A_2(LS)
聚苯乙烯	四氯化碳/甲醇	81.7/18.3	25	CT,A_2(LS)
聚苯乙烯	氯仿/甲醇	75.2/24.8	25	CT,A_2(LS)
聚苯乙烯	四氢呋喃/甲醇	71.3/28.7	25	CT,A_2(LS)
聚苯乙烯	甲苯/甲醇	80/20	25	A_2(OP),VM
聚苯乙烯	丁酮/甲醇	88.9/11.1	30	PE
聚苯乙烯	甲苯/正庚烷	47.6/52.4	30	PE
聚苯乙烯	苯/甲醇	74.0/26.0	34	VM
聚苯乙烯	丁酮/异丙醇	82.6/17.4	34	VM
聚苯乙烯	甲苯/甲醇	75.2/24.8	34	VM
聚苯乙烯	苯/甲醇	74.7/25.3	35	A_2(LS)
聚苯乙烯	苯/异丙醇	61/39	35	A_2(LS)
聚苯乙烯	四氯化碳/正丁醇	65/35	35	A_2(LS)
聚苯乙烯	四氯化碳/庚烷	53/47	35	A_2(LS)
聚醋酸乙烯	乙醇/甲醇	80/20	17	PE
聚醋酸乙烯	丁酮/异丙酮	73.2/26.8	25	PE,A_2(LS)
聚醋酸乙烯	3-甲基丁酮/正庚烷	73.2/26.8	25	PE,A_2(LS)
聚醋酸乙烯	3-甲基丁酮/正庚烷	72.7/27.3	30	PE,A_2(LS)
聚醋酸乙烯	丙酮/异丙酮	23/77	30	PE
聚氯乙烯	四氢呋喃	100/11.9	30	CT

聚合物	溶剂名称	组成比例	θ温度/℃	方法
聚氯乙烯	四氢呋喃	100/9.5	30	CT

注：PE—相平衡（phase equilibrium）；A—第二维利系数（second virial coefficient）；VM—黏度分子量关系（viscosity-molecular weight relationship）；CT—浊度滴定（cloud point titration）。

附录四　一些常用溶剂的溶解度参数

溶剂	δ		P	溶剂	δ		P
	$(MJ/m^3)^{1/2}$	$(cal/cm^3)^{1/2}$			$(MJ/m^3)^{1/2}$	$(cal/cm^3)^{1/2}$	
季戊烷	12.8	6.3	0	1,2,3,4-四氢化萘	19.4	9.5	—
异丁烷	13.7	6.7	0	卡必醇	19.6	9.6	—
正己烷	14.9	7.3	0	氯甲烷	19.8	9.7	—
乙醚	15.1	7.4	0.3	二氯甲烷	19.8	9.7	—
正辛烷	15.5	7.6	0	1,2-二氯乙烷	20.0	9.8	0
甲基环己烷	15.9	7.8	0	四氢呋喃	20.2	9.9	—
异丁酸乙酯	16.1	7.9	—	环己酮	20.2	9.9	—
二异丙基甲酮	16.3	8.0	0.3	溶纤剂	20.2	9.9	—
醋酸甲戊酯	16.5	8.0	—	二烷	20.2	9.9	0.01
松节油	16.7	8.1	0	二硫化碳	20.4	10.0	0
2,2-二氧丙烷	16.7	8.2	—	丙酮	20.4	10.0	0.69
醋酸另戊酯	16.9	8.3	—	正辛酮	21.0	10.3	0.04
二聚戊烯	17.3	8.5	0	丁腈	21.4	10.5	0.72
醋酸戊酯	17.3	8.5	0.7	正己醇	21.8	10.7	0.06
甲基丁基甲酮	17.6	8.6	0.35	仲丁醇	22.0	10.8	0.11
松油	17.6	8.6	—	吡啶	22.2	10.9	0.17
四氯化碳	17.8	8.6	0	硝基乙烷	22.6	11.1	0.71
甲基丙基甲酮	17.8	8.7	0.4	正丁醇	23.2	11.4	0.10
哌啶	17.8	8.7	—	环己酮	23.2	11.4	0.08
二甲苯	18.0	8.8	0	异丙醇	23.4	11.5	—
二甲醚	18.0	8.8	—	正丙醇	24.2	11.9	0.15
甲苯	18.2	0.9	0	二甲基甲酰胺	24.7	12.1	0.77
丁基溶纤剂	18.2	8.8	—	腈化氢	24.7	12.1	—
1,2-二氯丙烷	18.3	9.0	—	醋酸	25.7	12.6	0.30
异丙叉丙酮	18.3	9.0	—	乙醇	26.0	12.7	0.27
异佛尔酮	18.6	9.1	—	甲酚	27.1	13.3	—
醋酸乙酯	18.6	9.1	0.17	甲酸	27.6	13.5	—
苯	18.7	9.2	0	甲醇	29.6	14.5	0.39
双丙酮醇	18.7	9.2	—	苯酚	29.6	14.5	0.06
三氯甲烷	19.0	9.3	0.02	甘油	33.6	16.5	0.47
三氯乙烯	19.0	9.3	0	水	47.7	23.4	0.82
四氯乙烯	19.2	9.4	0.01				

附录五　聚合物的溶解度参数

聚合物	δ		聚合物	δ	
	$(MJ/m^3)^{1/2}$	$(cal/cm^3)^{1/2}$		$(MJ/m^3)^{1/2}$	$(cal/cm^3)^{1/2}$
聚四氟乙烯	12.6	6.2	聚硫橡胶	18.3～19.2	9.2
聚三氟氯乙烯	14.7	7.2	聚苯乙烯	18.7	9.0～9.4
聚二甲基硅氧烷	14.9	7.3	氯丁橡胶	18.7～19.2	9.2
乙丙橡胶	16.1	7.9	聚甲基丙烯酸甲酯	18.7	9.2～9.4
聚异丁烯	16.1	7.9	聚醋酸乙烯酯	19.2	9.2
聚乙烯	16.3	8.0	聚氯乙烯	19.4	9.4
聚丙烯	16.3	8.0	双酚 A 型聚碳酸酯	19.4	9.5
聚异戊二烯	16.5	8.1	聚偏二氯乙烯	20.0～25.0	9.0～12.2
聚丁二烯	17.1	8.4	乙基纤维素	17.3～21.0	8.5～10.3
丁苯橡胶	17.1	8.4	二硝酸纤维素	21.6	10.55
聚甲基丙烯酸特丁酯	16.9	8.3	聚对苯二甲酸乙二酯	21.8	10.7
聚甲基丙烯酸正己酯	17.6	8.6	缩醛树脂	22.6	11.1
聚丙烯酸丁酯	17.0	8.7	二醋酸纤维素	23.2	11.35
聚甲基丙烯酸乙酯	18.0	8.8	尼龙 66	27.8	13.6
聚甲基苯基硅氧烷	18.3	9.0	聚 α-氰基丙烯酸甲酯	28.7	14.1
聚丙烯酸乙酯	18.3	9.0	聚丙烯腈	28.7	14.1

附录六　一些常见聚合物的密度

高聚物	ρ_c(完全结晶)/(g/cm^3)	ρ_a(完全无定型)/(g/cm^3)	ρ_c/ρ_a
聚乙烯	1.00	0.85	1.18
聚丙烯	0.95	0.85	1.12
聚异丁烯	0.94	0.86	1.09
聚丁二烯	(1,4 反)1.01(1,4 顺)1.02	0.89	1.14
顺_聚异戊二烯	1.00	0.91	1.10
反_聚异戊二烯	1.05	0.90	1.16
聚苯乙烯	1.13	1.05	1.08
聚氯乙烯	1.52	1.39	1.10
聚偏氯乙烯	2.00	1.74	1.15
聚三氟氯乙烯	2.19	1.92	1.14
聚四氟乙烯	2.35(>20℃)	2.00	1.17
	2.40(<20℃)		
尼龙 6	1.23	1.08	1.14

续表

高聚物	ρ_c(完全结晶)/(g/cm³)	ρ_a(完全无定型)/(g/cm³)	ρ_c/ρ_a
尼龙 66	1.24	1.07	1.16
聚甲醛	1.54	1.23	1.25
聚环氧乙烷	1.33	0.12	1.19
聚环氧丙烷	1.15	1.00	1.15
聚对苯二甲酸乙二醇酯	1.46	1.33	1.10
聚碳酸酯	1.31	1.20	1.09
再生纤维素	1.58	1.46	1.15
聚乙烯醇	1.35	1.25	1.07
聚甲基丙烯酸甲酯	1.23	1.17	1.05

附录七　一些具有代表性的聚合物的结晶系数

聚合物名称	构象	晶系	晶胞系数				单体单元数晶胞	晶体密度/(g/cm³)
			a	b	c	交角		
聚氯乙烯	Z^*	正交	10.6	5.4	5.1		4	1.44
聚乙烯醇	Z	单斜	7.81	2.54	5.51	$\beta=91°42'$	2	1.35
等规聚甲基丙烯酸甲酯	$H,5_S$	正交	21.08	2.17	10.55		20	1.23
聚丙烯酸异丁酯	$H,3_1$		17.92	17.92	6.42			1.24
聚丙烯酸仲丁酯	$H,3_1$		17.92	10.34	6.49			1.06
聚丙烯酸叔丁酯	$H,3_1$		17.92	10.50	6.49			1.04
聚甲醛	$H,5_1$	六方	4.66	4.46	17.30		9	1.506
聚氧化乙烯	$H,7_2$	单斜	8.03	13.09	19.52	$\beta=126°5'$	4	1.506
聚氧化丙烯	Z	正交	10.40	4.64	6.92		6	1.216
聚甲基乙烯基铜	$H,7_2$	六方	14.52	14.52	14.41	1	—	1.455
聚对苯二甲酸乙二醇	Z	三斜	4.56	5.94	10.75	$98-,118,112$	1	
聚碳酸酯（从双酚 A 制得）	Z	正交	11.9	10.1	21.5		8	1.30
聚乙烯	Z	正交	7.36	4.92	2.534			1
等规聚丙烯	$H,3_1$	单斜	6.66	20.87	6.48	$\beta=98°12'$	2	0.937
间规聚丙烯	$H,2_1$	正方	14.5	5.8	7.4		12	0.91
聚丁烯-1	$H,3_1$	四方	17.7	17.7	6.5		48	0.95
等规 1,2 聚丁二烯	$H,3_1$	四方	17.3	17.3	6.5		18	0.96
间规 2,4 聚丁二烯	Z	正交	10.90	6.60	5.14		13	0.963
1,4 顺式聚丁二烯	Z	六方	4.54	4.54	4.9		4	1.02
1,4 反式聚丁二烯	Z	单斜	4.60	9.50	8.6	$\beta=109°$	1	1.01
聚 3 甲基丁烯-1	$H,4_1$	单斜	9.55	8.54	6.84	$\beta=116°3'$	4	0.93
聚 4 甲基无锡-1	$H,7_2$	四方	18.66	10.66	13.80		28	0.812
聚 5 甲基己烯-1	$H,3_1$	六方	10.2	10.2	6.5		3.5	0.84
聚苯乙烯	$H,3_1$	四方	20.08	22.00	6.620		18	1.111
聚 α-甲基苯乙烯	$H,3_1$	四方	21.2	21.2	8.10		16	1.12

附录八　实验报告模板

实验名称				
学生姓名		班级		
项目	操作	实验目的、原理、步骤、注意事项	数据处理、绘图、思考题	总分
实验分数	满分 30	满分 35	满分 35	100

一、实验目的

二、实验原理

三、实验步骤(包含仪器名称、仪器结构等)

四、注意事项

五、数据处理及绘图

六、思考题

第三部分
高分子材料成型
加工实验

实验一　橡塑共混实验

一、实验目的

(1) 掌握密炼机等设备的结构、性能、用途及工作原理。
(2) 掌握橡塑共混改性的工艺方法。

二、实验原理

橡塑共混就是通过一定的加工方法使橡胶和塑料混合在一起，从而使所得共混橡塑材料兼具橡胶和塑料的双重特性。共混物中各材料组分之间主要以物理作用结合。各种高聚物在性能上既有优点也有弱点。NBR 的优点在于高弹性、低定伸强度及小的永久变形，但强度偏低；PVC 则有好的强度和加工性，但缺乏弹性，两者共混则可弥补它们各自的弱点。

三、实验设备和实验配方

实验设备、原料见表 3-1、表 3-2。

表 3-1　实验设备

生产厂家	仪器名称	型号
常州苏研科技有限公司	实验密炼机	S(X)M-1-KT
中国浙江湖州宏图机械有限公司	平板硫化机	XLB-D
常州东南机械有限公司	塑料开炼机	SK-160
青岛华青工业集团	橡胶开炼机	XK-160
美国 INSTRON 公司	电子万能材料实验机	INSTRON 5569

表 3-2　实验配方

原料名称	用量/g	原料名称	用量/g
NBR	100	促进剂	2.5
PVC	0～30	硫磺	2
DOP	PVC 用量的 10%	白炭黑	8
钙锌稳定剂	PVC 用量的 3%	氧化锌	1.5
轻质 $CaCO_3$	100		

四、实验步骤

1. 制备共混材料

将 PVC 和助剂在塑料开炼机中混炼均匀并压成薄片，密炼机升温至 70～100℃，按比例称取 PVC 片材、NBR 和橡胶助剂等加入密炼机混合均匀，混炼 5～10min，取出共混胶（密炼机的温度、加料次序、共混胶的配比、混炼时间等实验参数设定按学生自己制定的实验方案实施）。

2. 密炼机操作方法

(1) 确认混炼室的锁紧螺栓上的螺母是否拧紧、密炼腔体内是否存在杂物。

(2) 通电将主机加热到指定温度并保温 20min 后，按密炼机的正常转向手动盘车，转子与筒体之间在转动数圈内无异常响声，盘动轻快灵活。检查上置气缸和卧置气缸的开启是否灵活轻便、闭合是否紧密。保证气源压力＞0.3MPa。

（3）将"运行开关"拨至"关"的位置。

（4）接通线路电源，将控制电柜内断路器全置至开的位置。

（5）顺时针旋动"电源开关"，按下"电源开"，"电源开"指示灯亮同时各仪表均已通电。

（6）按下"上顶栓开"。

（7）松开密炼室右侧的锁紧螺丝。

（8）按下"密炼室开"，清洁密炼室腔体及转子。

（9）按下"密炼室合"，待密炼室合上后锁紧螺丝（注意：不要锁得太紧，否则加热后螺丝会涨死）。

（10）旋动"上顶栓合"，上顶栓下落闭合。

（11）调节主控温度仪表，设定工作温度，按"加热开"，密炼机开始加热。

（12）待加热完成并保温约20min后，设定"时间控制"仪表参数，将"运行开关"旋至"开"，轻按"增速"，使密炼转速维持在低转速运行状态。

（13）按下"上顶栓开"打开上顶栓，加入适合密炼的物料。

（14）旋动"上顶栓合"至上顶栓合上后，调整主电机转速至合适的转速，同时调节密炼时间，密炼正式开始。

（15）密炼结束后，降低转速至主电机停止工作或关闭运行开关。

（16）打开上顶栓，松开锁紧螺丝，打开密炼室，取出密炼完成的物料。

（17）清洁密炼室腔体及转子，关闭加热开关，待密炼机温度回落至室温后，合上密炼室，合上上顶栓。

（18）关闭电源开关，密炼机操作结束。

3. 共混胶硫化

启动橡胶开炼机把共混胶压为2.5mm厚胶片，启动平板硫化机（温度150～180℃），将胶片放入橡胶模具中，合模升压（压力10MPa），停机保压硫化，时间到后开模复位（时间10～15min），取出样品观察效果（硫化实验参数设定按学生自己制定实验方案实施）。

4. 样品测试性能

参考聚合物力学性能测试方法，测试样品的力学性能。

5. 分析、改进方案

分析样品的抗拉强度等实验数据来选择共混胶最佳配方、最佳工艺参数，提出橡塑共混工艺的改进方案。

五、注意事项

（1）密炼室未合上，严禁放下上顶栓。

（2）密炼室未合上，不要开动电机。

（3）清料操作时，将电加热板电源切断，并采取保护措施防止烫伤。

（4）实验完毕、维修设备时要切断总电源。

（5）设备运行时不要打开控制柜门。

（6）设备运行时不要触碰加热器接线柱，防止触电。

六、思考题

（1）在密炼机进行橡塑共混中，为什么要控制好温度？

（2）简述影响共混胶性能好坏的因素。

实验二　塑料注射成型实验

一、实验目的

（1）掌握注塑机的结构、性能和用途。

（2）熟悉注塑机的成型过程。

（3）掌握注塑机工艺参数的设定方法及其与注射制品质量的关系。

二、实验原理

注塑机的工作过程是将物料从注塑机的料斗送进加热的料筒，经加热熔化呈流动状态后由螺杆的推动并通过料筒端部的喷嘴注入闭合模具中，充满模具的熔料在受压的情况下，经冷却固化后即可保持模具型腔所赋予的形状，最后开模，从中取出塑料制品。

工艺特点：能一次成型出外型复杂、尺寸精确或带有嵌件的塑料制件；对各种塑料加工适应性强；生产率高；易于实现自动化。

三、实验仪器

本机属于卧式直线式注塑机，主要结构有注射部件、锁模部件、机身、液压系统、冷却系统、电力控制系统等。

（1）注射部分：包括有螺杆、料筒、喷嘴；螺杆的运转由叶片油马达带动，可实现无级调速；料斗，计量装置；注射油缸推动螺杆将定量熔料注射到模具中去；油缸可整体移动。

（2）锁模部分：其作用是实现模具启闭，在注射时保证模具可靠的合紧，以及启模时顶出制品。主要部件包括前后固定柜板、移动模板、连接前后固定模板用的拉杆、动模油缸、锁模油缸、制品顶出装置。

设备技术参数：

① 最大注射量：$153cm^3$。

② 螺杆直径：36mm。

③ 料筒加热功率：6.2kW。

④ 最大注射压力：173MPa。

⑤ 螺杆转速：0～205r/min。

⑥ 模板最大开距：700mm。

⑦ 模锁力：900kN。

⑧ 电机功率：11kW。

四、实验步骤

（1）接通电源。启动电机，观察电机转向是否符合规定要求，有无异常声响。

（2）进入温度设定界面，设定好各段温度。

（3）按"电热"键，料筒开始加热，温度达到设定值后，保温30min。进入工艺参数设定界面设定工艺参数（注射压力、注射速度、注射时间、保压时间、冷却时间等）。在"手动"状态下，按各动作键，观察各动作是否平稳工作。

（4）在模具开启的情况下按"半自动"键，并开关一次安全门，观察整个注射操作过程，如果运行正常，再开关一次安全门，使机器进行下一次注射操作过程。

（5）在设备半自动运行一个循环后，关模结束时，按"全自动"键，机器进入全自动工作状态。

（6）观察试样成型状态，若有缺陷调整工艺参数重新实验。

（7）实验结束后测量样品的收缩率。

五、注意事项

（1）机器运行时，不准打开后防护门。

（2）机器运行时，不要把手或工具伸到模具中间，不要打开喷嘴防护罩。

（3）清理模具时只能用铜制或木质工具。

六、思考题

（1）比较注射成型与挤出成型方法的不同点。

（2）何谓注射成型，它有何特点？请用框图表示一个完整的注射成型工艺过程。

实验三　挤出造粒实验

一、实验目的

（1）熟悉粒料的制备过程及其对制品质量的影响，能够综合考虑社会、健康、安全、法律、文化以及环境等因素，降低环境危害，保护劳动者身心健康。

（2）掌握挤出造粒的生产工艺过程，能够按照实验分组需要分工协作，听取团队其他成员意见，同时能组织团队成员开展实验工作。

二、实验原理

将原料及助剂通过挤出机使之进一步塑化再制成粒料，可以减少成型过程中的塑化要求，从而使成型操作较容易完成。单螺杆挤出机必须使用粒料才能保证产品的质量。

挤出造粒是当熔融的物料由机头被挤出后，通过水槽冷却，经旋转刀具切割形成的。

三、实验仪器

TS-20 型双螺杆挤出造粒机组。

设备技术参数如下。

（1）长径比 $L/D = 36 : 1$。

（2）螺杆：直径 $\phi = 22\text{mm}$。螺杆元件与芯轴采用渐开线花键连接，可实现自定位，最大限度提高承载扭矩；螺杆元件采用优质氮化钢表面氮化处理，氮化表面硬度 $HV \geqslant 1000$；螺杆元件为积木式，可以任意组合螺杆元件来生产不同工艺要求的物料。

（3）筒体采用优质氮化钢，筒体的积料容易清理。筒体采用循环软水冷却，水泵电机功率为 0.55kW，冷却系统控制电磁阀为进口产品，软水温度通过热交换器调节。

（4）螺杆最大转速：600r/min。

（5）主电机：5.5kW 交流，与传动箱直联式，采用康沃变频调速器。

（6）采用水冷拉条切粒机头，机头温控区的加热功率为 1.2kW，机头处设熔压、熔温传感器。

（7）抽真空系统 1 套：电机功率为 0.75kW。

（8）温度控制精度：±1℃。

（9）辅机：单螺杆计量喂料机 1 台、水冷拉条切粒系统。

四、工艺路线

配料→挤出→冷却（水槽）→切粒→包装

五、实验步骤

（1）装上模具，注满冷却水槽。

（2）设定五段加热温度，一段 110℃、二段 136℃、三段 140℃、四段 136℃、五段 126℃、机头 146℃。

（3）温度达到设定温度后，保温 30min。

（4）启动变频电机，调节螺杆转速在 8r/min 以下；少量加料，随时观察电机电流指示；当物料从模具中挤出后，增速增料。

（5）启动切粒机，将料条牵引到切粒机上；匹配好主机转速和切粒机转速。

（6）观察粒料状态进行调整直至工艺条件稳定。

（7）实验完毕后，清理模具及机器内的余料。清理时要用铜制工具，防止损坏模具。

六、注意事项

注意事项见表 3-3。

表 3-3　出现问题及调整方法

系统名称	现象	原因及处理方法
水冷拉条造粒	过细或过粗	降低或提高切粒机转速
	粒子长短不均匀	限定进料条位置，防止左右摇摆
	端面不平整	调整切粒机动刀与定刀间隙
	粒子扁平	压辊压力过大，调整气压或弹簧压力
	切不断料条	料温过高，适当增高主机与切粒机的间距或增加风机或加快水槽冷却水循环
	经常断条	物料塑化不良或物料杂质太多，或考虑螺杆是否适合该物料

七、思考题

（1）为什么要加过滤网？

（2）为什么最高温度必须控制在 170℃ 以下？

实验四　薄膜的吹塑成型实验

一、实验目的

掌握薄膜的吹塑成型原理与工艺过程，挤出、吹膜机组的结构和操作，掌握成型工艺参数对薄膜质量的影响。

二、实验原理

塑料薄膜可用压延、流延、拉伸、吹塑等方法生产。但吹塑法最经济，且薄膜的物理力学性能良好。在薄膜的吹塑成型过程中，塑料熔体从挤出机料筒进入机头口模内，料流沿口模环形间隙周向均匀分布，经模唇挤出成厚薄均一的膜胚，然后趁热用压缩空气将它吹胀，配合以合适的风环及操作技术，冷却定型后即得厚度符合要求的薄膜材料。可用于吹塑的塑料品种有聚乙烯（PE）、聚丙烯（PP）、聚氯乙烯（PVC）、聚苯乙烯（PS）、聚酰胺（PA）、乙烯-醋酸乙烯酯共聚物（EVA）等。

在薄膜的吹塑成型过程中，根据挤出和牵引的方向不同，可分为平挤上吹法、平挤下吹法、平挤平吹法3种。本实验采用平挤上吹法，该法使用直角机头，即机头出料方向与挤出机垂直，挤出管坯向上，牵引至一定距离后，由人字形夹板夹拢，所挤管状由底部引入的压缩空气将其吹胀成泡管，并以压缩空气气量多少来控制其横向尺寸，以牵引速度控制纵向尺寸，泡管经冷却定型就可以得到吹塑薄膜。薄膜吹塑成型的主要设备有挤出机、机头与口模、冷却装置、人字板、牵引辊、卷曲装置等。

在薄膜的吹塑成型过程中，牵引速度和挤出速度之比称为牵引比。牵引比增加，薄膜纵向强度会随之提高，且薄膜的厚度变薄，牵引比通常控制在4～6。吹胀后泡管直径与环形口模直径之比称为吹胀比，吹胀比增大，薄膜的横向强度提高，一般控制在2.5～3。

三、实验仪器与原料

Polylab 系统及其附属装置，包括单螺杆挤出机、口模及吹膜辅机（含有鼓风冷却装置、人字形夹板、牵引和卷取装置），空气压缩机。

吹塑级聚乙烯。

四、实验步骤

本实验在 Haake 转矩流变仪上进行。吹膜操作如下。

（1）正确安装 Polylab 系统的各部件，包括单螺杆挤出机、机头口模、吹膜辅机等。

（2）打开计算机和 Haake 转矩流变仪的电源开关，进入流变仪的软件控制页面。

（3）根据吹塑聚乙烯的性质，正确设置仪器参数（单螺杆挤出机料筒的各段温度、机头口模温度、挤出机螺杆的转速）和实验过程中所需要的其他各种参数。

（4）仪器加热到预定的温度。机头口模环形间隙中心要求严格调整。对机头口模各部分进行检查、拧紧，保温 20～30min。

（5）加料，预先观察实验仪器是否正常，然后根据预先设定的程序进行实验。熔体挤出成膜胚后，观察壁厚是否均匀。

（6）开动辅机，将管胚慢慢向上引入夹辊，通入压缩空气，根据实际调整挤出速度、风环位置和风量大小、牵引速度等工艺参数，直至达到要求的幅宽为止。通过改变温度、螺杆转速、牵引速度、风环风量等，观察薄膜样品的性能变化情况。

（7）结束实验，退出所有程序，清理机头等残留塑料，关闭电源，清理现场。

五、思考题

(1) 料筒温度、螺杆转速、口模温度等对薄膜质量有什么影响？

(2) 吹塑聚乙烯薄膜的纵向和横向的力学性能有无差异？为什么？

实验五　纺丝机熔体纺丝实验

一、实验目的

(1) 掌握熔体纺丝的工艺过程。

(2) 掌握聚丙烯熔体纺丝的基本原理。

(3) 初步掌握熔体纺丝的基本操作技能。

二、实验原理

聚丙烯（PP）是常见的高分子聚合物，其纤维名称为丙纶，用熔体纺丝法纺丝成形。常规熔体纺丝是将聚丙烯（PP）切片在螺杆挤出机中熔融后或由连续聚合制成的熔体，经纺丝泵定量压送到纺丝组件，过滤后从喷丝板的毛细孔中压出而成为细流，并在纺丝甬道中冷却成形。初生纤维被卷绕成一定形状的卷装（长丝）或均匀落入盛丝桶中（短纤维）。

三、实验仪器与原料

纺丝机，卷绕机，吸枪。

纤维级聚丙烯切片，重均分子量 $\overline{M}_W = 300000$；涤纶油剂。

四、实验步骤

1. 准备工作

(1) 升温加热系统，使纺丝机各部件达到预定温度并保持温度稳定。

(2) 用真空转鼓干燥机干燥 PP 切片，保证含水量低于 0.01%。

(3) 将螺杆升温到预定温度进行预热。

(4) 启动纺丝机计量泵及螺杆，用适量 PP 切片冲刷整个管路系统，直至最后流出的 PP 熔体中没有任何杂质。

(5) 启动卷绕系统，保证卷绕机正常运转并能达到预定卷绕速度。

(6) 将筒管装到卷绕轴上，开启吸枪，保证其正常工作。

(7) 启动油泵，将纺丝油剂装入油泵中。

2. 纺丝操作

(1) 先启动计量泵，再启动螺杆，将干燥好的 PP 切片加入加料斗。

(2) 启动侧吹风系统，使风的温度、湿度和速度在合适的范围内。

(3) 观察喷丝板表面，当熔体细流从喷丝孔挤出时，要使其不粘板、不堵孔，此时要控制好计量泵转速和螺杆转速，使熔体压力值保持稳定。

(4) 开启吸枪，将沿着纺丝甬道而下的复合纤维用吸枪吸住集束，并保持 1min 左右，确保没有断丝，所有丝条均被吸入吸枪内。

(5) 开启卷绕机，使丝束经导丝钩后被卷绕到筒管上。

(6) 筒管满卷后，用顶出装置将其顶出，继续下一筒管的卷绕。

五、纤维结构与性能测试

(1) 纤维断面形貌的扫描电子显微镜（SEM）观察。

(2) 纤维断裂强度、断裂伸长率等力学性能指标测试。

（3）纤维取向度测试。

实验六 电线包覆成型实验

一、实验目的

（1）掌握电线包覆的成型与工艺过程、设备及装置。
（2）理解线缆包覆成型过程的工艺控制方法，工艺参数对包覆质量的影响。
（3）能够分析线缆包覆过程中可能存在的问题，并给出解决办法。

二、实验原理

在裸体金属单丝或多股金属芯线上，包覆一层塑料绝缘层，称为电线。在成型过程中，塑料熔体从挤出机料筒进入一个圆形口模，并沿口模轴线将电线连续拉出，电线的运动带动了聚合物熔体，并将其带出口模，熔体转化为固态的包覆层。

三、仪器设备

电线包覆成型的主要设备有挤出机、口模、冷却牵引和卷曲装置。
本演示实验在 Haake 转矩流变仪上进行，如图 3-1 所示。

四、口模及实验材料

1. 线缆包覆口模

图 3-2 给出了本实验采用的线缆包覆口模。

图 3-1 Haake 转矩流变仪

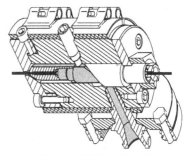

图 3-2 线缆包覆口模

2. 实验材料

实验材料为挤出级低密度聚乙烯（LDPE），颗粒状塑料。

五、工艺路线

线缆包覆生产工艺流程如图 3-3 所示。

六、准备工作

（1）原材料准备：LDPE 干燥预热，在 70℃ 左右烘箱内预热 1～2h。
（2）详细观察、了解挤出机和线缆包覆口模的结构、工作原理和操作规程等。

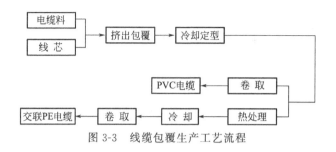

图 3-3 线缆包覆生产工艺流程

（3）根据实验原料 LDPE 的特性，初步拟定挤出机各段加热温度及螺杆转速，同时拟定其他操作工艺条件。

（4）安装支管式机头模及包覆辅机。

（5）检查设备的运转是否正常。

七、实验过程

（1）正确安装 Polylab 系统的各部件，包括挤出机、口模等。

（2）打开计算机和 Haake 流变仪的电源开关。

（3）根据材料的性质，正确设置仪器参数和实验过程中所需要的各种参数。

（4）仪器加热到预定的温度：加料段 150℃、压缩段 160℃、塑化挤出段 170℃、机头 170℃。

（5）加料，预先观察实验仪器是否正常，然后根据预先设定的程序进行实验。

（6）正确安装冷却牵引装置。水槽中预先加满水，调整金属线进入口模的位置等。

（7）进行实验，调节挤出机的料筒温度、挤出速度、牵引装置的牵引速度等参数，以获得质量较好的电线。

（8）结束实验，退出所有程序，关闭电源，清理现场。

八、注意事项

（1）挤出机料筒及机头温度较高，操作时要戴手套，熔体挤出时，操作者不得位于机头的正前方，防止发生意外。

（2）在将挤出的线缆连接到牵引装置时，不要戴手套，注意操作安全。

九、思考题

(1) 常用的电线、电缆包覆材料有哪些？对比其特点和适用场合。

(2) 线缆包覆成型过程常见的问题有哪些？

(3) 试分析可能引起绝缘层包覆不均匀的因素，并针对各因素给出解决办法。

实验七 PVC 材料配方设计实验

一、实验目的

掌握 HAKKE 流变仪结构、用途、基本操作规程。独立设计 PVC 配方研究方案，通过实验，掌握硬聚氯乙烯（U-PVC）干混料配方及工艺性能评定方法。

二、实验原理

HAKKE 流变仪是一种综合性聚合物材料流变性能测试实验设备。其突出特点是可以在接近于真实加工条件下，对材料的流变行为进行研究。目前已经在塑料加工性能研究、配方设计、材料真实流变参数测量等方面获得了重要应用。HAKKE 流变仪实验系统主要包括 HAKKE 单螺杆挤出系统和 HAKKE 密炼系统。

密炼是在密闭条件下加压的塑炼过程，密炼机由控温混合腔和两个转子构成，这两个转子以不同的速度反向旋转，其剪切作用近似于双辊磨，通常选用的转速比为 3：2，以获得最佳的塑炼效果，密炼机的结构如图 3-4 所示。密炼系统可用于研究聚合物熔体在加热和剪切负荷条件下的熔融行为和降解情况，热固性体系的流动和固化行为，弹性体的捏合与固化行为，测试炭黑、促进剂、或交联剂等添加剂在橡胶中的作用并研究稳定剂、润滑剂和色料等对熔体黏度的影响。

由于该系统采用了计算机程序控制测量的方法，实验机器的关键部位装配有测控和监控传感器，可以进行实验数据的自动采集与处理，并能通过计算机调整设备的运行状态。

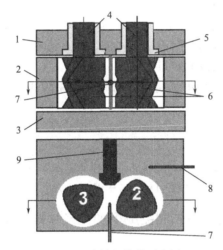

图 3-4 密炼机结构示意图

1—后背板；2—中板密炼腔；3—前板；4—转子轴；5—铜轴套；6—转子；7—熔体热电偶；8—控温热电偶；9—压料锤

配方设计是树脂成型过程的重要步骤，对聚氯乙烯树脂尤其重要，为了提高聚氯乙烯材料的热稳定性和成型性能，获得良好的制品性能并降低成本，必须在聚氯乙烯树脂中配以各种助剂。

三、实验设计方案

在 U-PVC 干混料配方中，除 PVC 树脂外，为了获得合适的工作性能及加工性能，需要配合各种助剂，这些助剂对干混料熔体的热稳定性和流变性能有不同的影响，从而显著地影响物料最终的加工性能。在密炼机上测量 U-PVC 干混料的流变曲线是了解配方中各组成成分对物料加工性能影响的有效方法。学生查阅资料，设计一组 U-PVC 配方方案进行实验。

实验原料：PVC、热稳定剂、润滑剂、填料等。

实验温度：170～190℃。

实验转速：20～50r/min。

四、实验步骤

操作步骤：启动主机，打开软件界面，设定实验参数，开始实验。实验完毕后，分析图表的主要数据点，指出它们代表的意义，评价配方的优劣。

(1) 将转子装入密炼室中。

(2) 设定测试温度和测试转速。

(3) 待密炼机的温度达到设定值并恒定 20～30min 之后，启动转速控制按钮。

(4) 按公式计算加料量，称取混合好的干混料，加入密炼机上方的加料器中。

(5) 使用加料器上的压料杆快速、均匀地将试料压入混炼室中。

(6) 记录转矩随时间的变化曲线，一直到曲线的转矩突然上升至大于平衡转矩的 5 个单位，停止混炼。

(7) 打开混炼器，取出试料，用铜清料刀和铜刷清理混炼室和转子。

(8) 重新装好混炼器，准备下一次测试。

(9) 转矩流变曲线的解释。

塑化转矩：转矩的最大值。

塑化时间：从加料峰对应的时间到塑化转矩对应的时间。

平衡转矩：曲线之平直线段的转矩。

试料的热稳定时间 t_s：从塑化转矩对应的时间到曲线的转矩突然上升至大于平衡转矩的拐点所对应的时间。

五、思考题

(1) 转矩曲线上的熔融点偏右时对材料加工特性的影响？

(2) 如何根据转矩-时间曲线，判断 U-PVC 干混料配方的好坏？

实验八 橡胶制品成型加工及性能测试实验

一、实验目的

(1) 掌握橡胶制品配方设计基本知识。熟悉橡胶加工全过程和橡胶制品模型硫化工艺。

(2) 了解橡胶加工的主要机械设备（如开炼机、平板硫化机等）的基本结构，掌握这些设备的操作方法。

(3) 掌握橡胶力学性能测试方法。

二、实验原理

橡胶制品的基本工艺过程包括配合、生胶塑炼、胶料混炼、成型、硫化，如图 3-5 所示。

图 3-5　橡胶制品生产工艺过程

1. 生胶的塑炼

生胶是线型高分子聚合物，在常温下大多数处于高弹态。然而生胶的高弹性却给成型加工带来极大的困难，一方面各种配合剂无法在生胶中分散均匀；另一方面，由于可塑性小，不能获得所需的各种形状。为满足各种加工工艺的要求，使生胶由强韧的弹性状态变成柔软而具有可塑性的状态的工艺过程称作塑炼。

生胶经塑炼以增加其可塑性，其实质是橡胶分子链断裂，分子量降低，从而使橡胶的弹性下降。在橡胶塑炼时，主要受到机械力、氧、热、电和某些化学增塑剂等因素的作用。工艺上用以降低橡胶分子量获得可塑性的塑炼方法可分为机械塑炼法和化学塑炼法两大类，其中机械塑炼法应用最为广泛。橡胶机械塑炼的实质是力和化学反应的过程，即以机械力作用及在氧或其他自由基受体存在下进行的。在机械塑炼过程中，机械力作用使大分子链断裂，氧对橡胶分子起化学降解作用，这两个作用同时存在。

本实验选用开炼机对天然橡胶进行机械法塑炼。天然生胶置于开炼机的两个相向转动的辊筒间隙中，在常温（小于50℃）下反复受机械力作用，使分子链断裂，与此同时断裂后的大分子自由基在空气中的氧化作用下，发生了一系列力学与化学反应，最终达到降解，生胶从原先强韧高弹性变为柔软可塑性，满足混炼的要求。塑炼的程度和塑炼的效率主要与辊筒的间隙和温度有关，若间隙愈小、温度愈低，力-化学作用愈大，塑炼效率愈高。此外，塑炼的时间、塑炼工艺操作方法及是否加入塑解剂也影响塑炼的效果。

2. 橡胶的配合

橡胶必须经过交联（硫化）才能改善其力学性能和化学性能，使橡胶制品具有实用价值。硫磺是橡胶交联最常用的交联剂。不同的促进剂同时使用，是因为它们的活性强弱及活性温度有所不同，在硫化时将使促进交联作用更加协调、充分显示促进效果。助促进剂即活性剂在炼胶和硫化过程中起活化作用。化学防老剂多为抗氧剂，用来防止橡胶大分子因加工及其后的应用过程的氧化降解作用，以达到稳定的目的。石蜡与大多数橡胶的相容性不良，能集结于制品表面起到滤光阻氧等防老化效果，并且在成型加工中起到润滑作用。碳酸钙作为填充剂有增容降成本作用，其用量多少也影响制品的硬度和机械强度。机油作为橡胶软化剂可改善混炼加工性能和制品柔软性。

3. 胶料的混炼

混炼就是将各种配合剂与可塑度合乎要求的塑炼胶在机械作用下混合均匀，制成混炼胶的过程。混炼过程的关键是使各种配合剂能完全均匀地分散在橡胶中，保证胶料的组成和各种性能均匀一致。

为了获得配合剂在生胶中的均匀混合分散程度，必须借助炼胶机的强烈机械作用进行混炼。混炼胶的质量控制对保持橡胶半成品和成品性能有着重要意义。混炼胶组分比较复杂，不同性质的组分对混炼过程、分散程度以及混炼胶的结构有很大影响。

本实验混炼也是在开炼机上进行的。为了取得具有一定的可塑度且性能均匀的混炼胶，除了控制辊距的大小、适宜的辊温（小于90℃）之外，必须按一定的加料混合程序。一般的原则是量少难分散的配合剂首先加到塑炼胶中，让其有较长的时间分散；量多易分散的配合剂后加；硫化剂应最后加入，因为一旦加入硫化剂，便可能发生硫化效应，过长的混炼时间将会使胶料焦烧，不利于其后的成型和硫化工序。

4. 橡胶制品的模型硫化

橡胶制品种类繁多，其成型方法也是多种多样的，最常见的有模压、注压、压出和压延等。由于橡胶大分子必须通过硫化才能成为最终的制品，所以橡胶制品的成型大部分仅限于半成品的成型。例如压出和压延等方法所得的具有固定断面形状的连续型制品及某些通过几部分半成品贴合而成的结构比较复杂的模型制品，仅是半成品，其后均要经硫化反应才定型为制品。而注压和模压成型的制品其硫化已在成型的同时完成，所得的就是最终的制品。

本实验采用模压成型法（模型硫化法）制取天然软质硫化胶片，它是将一定量的混炼胶置于模具的型腔内，通过平板硫化机在一定的温度和压力下成型，同时经历一定的时间使胶料发生适当的交联反应，最终取得制品的过程。

天然橡胶的硫化反应机理：在促进剂的活性温度下，由于活性剂的活化及促进剂分解成游离基，促使硫磺成为活化硫，同时聚异戊二烯主链上的双键打开形成橡胶大分子自由基，活性硫原子作为交联键桥使橡胶大分子间交联形成立体网络结构。硫化过程中主要控制的工艺条件是硫化温度、压力和时间，这些硫化条件对橡胶硫化质量有非常重要的影响。

三、实验仪器和试剂

双辊筒开放式炼胶机，平板硫化机，橡胶试片标准模具，橡胶力学性能试样裁刀及裁剪机，A型邵氏硬度计，电子拉力实验机，天平，测厚仪，游标卡尺，炼胶刀等。

天然橡胶，硫磺，秋兰姆，硬脂酸，氧化锌，炭黑，轻质碳酸钙，机油，石蜡，着色剂。

四、实验步骤

1. 配方

表3-4是基本实验配方，学生依据硫化胶的交联密度及强度等要求设计配方，制备不同样品。

表3-4　配方设计

原料	质量/g	原料	质量/g	原料	质量/g	原料	质量/g
天然橡胶	100	促进剂 DM	4～1	氧化锌	5.0	轻质碳酸钙	20～60
硫磺	0.5～4	硬脂酸	2.0	炭黑	45		

按设计的配方准备原材料，用台秤和盘架天平准确称量并复核备用。

2. 生胶塑炼

(1) 破胶　调节辊距1.5mm，在靠近大牙轮的一端操作，以防损坏设备。生胶碎块依次连续投入两辊之间，不宜中断，以防胶块弹出伤人。

(2) 薄通　胶块破碎后，将辊距调到约0.5mm，辊温控制在45℃左右（以辊筒内通冷却水降温）。将破胶后的胶片在大牙轮的一端加入，使之通过辊筒的间隙，使胶片直接落到接料盘内。当辊筒上已无堆积胶时，将胶片扭转90°重新投入到辊筒间隙中，继续薄通到规定的时间（10～15min）为止。

(3) 捣胶　将辊距放宽至1.0mm，使胶片包辊后，手握割刀从左向右割至近右边缘（不要割断），再向下割，使胶料落在接料盘上，直到辊筒上的堆积胶将消失时才停止割刀。割落的胶随着辊筒上的余胶带入辊筒的右方，然后再从右向左方向同样割胶。反复操作多次至达到所需塑炼程度。

(4) 辊筒的冷却　由于辊筒受到摩擦生热，辊温要升高，应经常以手触摸辊筒，若感到烫手，则适当通入冷却水，使辊温下降，并保持不超过50℃。

3. 胶料混炼

(1) 调节辊筒温度在50～60℃，后辊较前辊略低些（一般前辊50～60℃，后辊50～55℃）。

（2）包辊　塑炼胶置于辊缝间，调整辊距使塑炼胶既包辊又能在辊缝上部有适当的堆积胶。经 2～3min 的辊压、翻炼后，使之均匀连续地包裹在前辊上，形成光滑无隙的包辊胶层。取下胶层，放宽辊距至 1.5mm 左右，再把胶层投入辊缝使其包于后辊，然后准备加入配合剂。

（3）吃粉　不同配合剂要按如下顺序分别加入。

固体软化剂—促进剂、防老剂和硬脂酸—氧化锌—补强剂和填充剂—液体软化剂—硫磺。

吃粉过程中每加入一种配合剂后都要捣胶两次。在加入填充剂和补强剂时要让粉料自然地进入胶料中，使之与橡胶均匀接触混合，而不必急于捣胶；同时还需逐步调宽辊距，使堆积胶保持在适当的范围内。待粉料全部吃进后，由中央处割刀分往两端，进行捣胶操作促使混炼均匀。

（4）翻炼　在加硫磺之前和全部配合剂加入后，将辊距调至 0.5～1.0mm，通常用打三角包、打卷或折叠及走刀法等对胶料进行翻炼 3～4min，待胶料的颜色均匀一致、表面光滑即可下片。

（5）胶料下片　混炼均匀后，将辊距调至适当大小，胶料辊压出片。测试硫化特性曲线的试片厚度为 5～6mm，模压 2mm 胶板的试片厚度为（2.4±2）mm。下片后注明压延方向。胶片需在室温下冷却停放 8h 以上方可进行模型硫化。

（6）混炼胶的称量　按配方的加入量，混炼后胶料的最大损耗为总量的 0.6％以下，若超过这一数值，胶料应予报废，须重新配炼。

4. 模型硫化

制备一块 160mm×120mm×2mm 的硫化胶片，供力学性能测试用。

（1）混炼胶试样制备　混炼胶首先经开炼机热炼成柔软的厚胶片，然后裁剪成一定的尺寸备用。胶片裁剪的平面尺寸应略小于模腔面积，而胶片的体积要求略大于模腔的容积。

（2）模具预热　模具经清洗干净后，可在模具内腔表面涂上少量脱模剂，然后置于硫化机的平板上，在硫化温度 150℃下预热约 30min。

（3）加料模压硫化　将已准备好的胶料试样毛坯放入已预热好的模腔内，并立即合模置于压机平板的中心位置。然后开动压机加压，经数次卸压放气后加压至胶料硫化压力 1.5～2.0MPa。当压力表指示到所需工作压力时，开始记录硫化时间。本实验要求保压硫化时间为 10min，在硫化到达预定时间稍前时，去掉平板间的压力，立即趁热脱模。

脱模后的硫化胶片应在室温下放在平整的台面上冷却并停放 6～12h 才能进行性能测试。

5. 硫化胶力学性能测试

测试硫化制品的 100％定伸强度、300％定伸强度、扯断强度、扯断伸长率、拉伸永久变形、邵氏（A）硬度。实验应在 23℃左右的室温下进行。

（1）试样制备　硫化胶试片经过 12h 以上充分停放后，用标准裁刀在裁剪机上冲裁成哑铃型的试样。同一试片工作部分的厚度差异范围不准超过 0.1mm，每一种硫化胶试样的数量为 5 个。试样裁切参阅国家标准 GB/T 528—2009 的规定。

（2）拉伸性能测试　将 5 个冲裁成的标准试片进行编号，在试样的工作部分印上两条距离为（25±0.5）mm 的平行线。用测厚仪测量标距内的试样厚度，测量部位为中心处及两标线附近共 3 点，取其平均值。拉伸性能测试参照国家标准 GB/T 528—2009 的规定。

（3）邵氏（A）硬度测试　待测的硫化胶试片厚度不小于 6mm，若试样厚度不够，可用同样的试样重叠，单胶片试样的叠合不得超过 4 层，且要求上、下两层平面平行。试样的表面要求光滑、平整、无杂质等。邵氏（A）硬度测试参照国家标准 GB/T 528—2009 的规定。

6. 数据处理

（1）100％定伸强度 σ_{100}、300％定伸强度 σ_{300}、扯断强度 σ（MPa）

$$\sigma = \frac{P}{bd} \tag{3-1}$$

式中，P 为定伸（扯断）负荷，N；b 为试样宽度，cm；d 为试样厚度，cm。

（2）断后伸长率 A（％）

$$A = \frac{L_1 - L_0}{L_0} \times 100 \tag{3-2}$$

式中，L_0 为试样原始标线距离，mm；L_1 为试样断裂时标线距离，mm。

（3）永久变形 H_d（％）

$$H_d = \frac{L_2 - L_0}{L_0} \times 100 \tag{3-3}$$

式中，L_2 为断裂的两块试样静置 3min 后拼接起来的标线距离，mm。

统一实验的 5 个样品经取舍后的个数不应少于原试样数的 60％，试样取舍可以取中值，即舍弃最高和最低的数值，或把所有 5 个数值取其平均值。

五、注意事项

（1）在开炼机上操作必须严格按操作规程进行，要求高度集中注意力。

（2）割刀时必须在辊筒的水平中心线以下部位操作。

（3）塑炼和混炼时禁止戴手套操作。辊筒运转时，手不能接近辊缝处；双手尽量避免越过辊筒水平中心线上部，送料时手应作握拳状。

（4）遇到危险时应立即触动开炼机安全刹车。

（5）模型硫化实验时，平板硫化机及模具温度较高，应戴手套进行操作，当心烫伤。

六、思考题

(1) 生橡胶为什么要塑炼、混炼？

(2) 混炼过程中为什么要注意加料顺序？

(3) 生胶和混炼胶有何不同？

实验九　橡胶硫化性能测试实验

一、实验目的

(1) 掌握无转子硫化仪的使用方法。

(2) 了解橡胶硫化过程中性能指标代表的意义。

(3) 掌握通过分析流变特性曲线图来研究橡胶配方的方法。

二、实验原理

橡胶硫化仪用于分析、测定橡胶硫化过程的焦烧时间、正硫化时间、硫化速率、黏弹性模量等性能指标，是用于研制橡胶配方及检验橡胶产品质量的重要仪器。无转子硫化仪可以测定橡胶流变特性；也可提供橡胶混炼均匀度分析图，来检测橡胶和助剂是否混炼均匀。硫化是在一定的温度、压力、时间下橡胶大分子间交联而形成立体网络结构的过程。焦烧是橡胶由于储存、加工等原因，出现早期硫化，使其塑性下降、弹性增加的现象，焦烧时间越长，加工安全性越好。

三、实验仪器

（1）主机：上模、下模、上模温控器、下模温控器、电源开关钮、合模按钮、马达按钮、开模按钮。

（2）副机：计算机、打印机。

（3）技术参数。

① 摇摆角度：$\pm 0.5°$、$\pm 1°$、$\pm 2°$、$\pm 3°$。

② 温度范围：室温～$200℃$。

③ 温度误差：$\pm 0.3℃$。

④ 试样体积：$5cm^3$。

⑤ 扭力测量范围：$0\sim 200lb/in$（$0\sim 35N/mm$），精度 0.002。

四、实验步骤

（1）SBR 橡胶塑炼 3min 后，依次加入硬脂酸，氧化锌，促进剂；然后调大辊距，缓慢加入白炭黑，轻质碳酸钙；辊距调小，加入硫磺；辊距调至最小，薄通 6 次；最后调辊距，压出 2.5mm 样品。

（2）打开主机电源，主机运行 10min。

（3）打开计算机，双击"U-CAN"图标，进入软件界面，输入测试温度、测试时间、扭矩单位、压力单位、记录档案名称（需英文字、数字）。

（4）显示范围设定。

（5）分析位置设定：第一焦烧点位置、第二焦烧点位置、第三焦烧点位置、第一硫化点位置、第二硫化点位置、第三硫化点位置。

（6）保存设置，点击系统启动，执行检测进入测试界面。

（7）将样品放在模具上，双手按在"▽"按键上，合模后仪器自动运行。

（8）实验结束，打印硫化特性分析表。

五、手绘流变特性曲线图

六、思考题

分析样品配方的优劣及改进方法。

实验十　片材/板材成型实验

一、实验目的

（1）掌握塑料板材/片材挤出成型设备和工艺流程。

（2）理解狭缝挤出机头的结构和工作原理，熔体在口模内的流动规律。

（3）能够通过调整板材挤出及压光过程的工艺参数来调控挤出板材的质量。

二、实验原理

塑料熔体从挤出机料筒到机头口模内，流道由圆形变成狭缝型，物料沿口模宽度方向均匀分布，经模唇挤出成片材（厚度0.25～1mm）或板材（厚度＞1mm）。

可用于挤出板材或片材的热塑性塑料品种有PE、PP、PVC、PS、ABS、PA、POM和PC等。

三、仪器设备

挤出板材/片材成型的主要设备有挤出机、挤板机头、三辊压光机、牵引装置和切割装置等。本实验采用Haake转矩流变仪及其配套的片材成型辅助装置。

挤出板材/片材的机头主要是扁平机头，关键是使机头在整个宽度上熔体的流速相等，这样才能获得厚度均匀、表面平整的板材。

三辊压光机起压光、冷却和牵引的作用，通过调节三辊压光机的辊距、温度等参数获得性能良好的板材/片材。

四、口模及实验材料

片材挤出实验用平缝型口模如图3-6所示，口模宽度100mm，平缝厚度1mm。

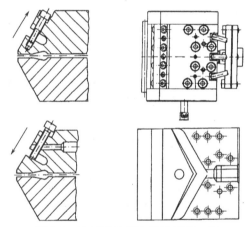

图3-6　片材挤出实验用平缝型口模

实验材料为挤出级LDPE，颗粒状塑料。

五、工艺路线

片材/板材挤出成型工艺流程如图3-7所示。

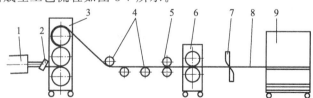

图3-7　片材/板材挤出成型工艺流程

1—挤出机；2—狭缝机头；3—三辊压光机；4—导辊；5—切边装置；6—二辊牵引装置；
7—切割装置；8—塑料板；9—卸料装置

六、准备工作

(1) 原材料准备：LDPE干燥预热，在70℃左右烘箱内预热1~2h。

(2) 详细观察、了解挤出机和三辊压光机的结构、工作原理和操作规程等。

(3) 根据实验原料LDPE的特性，初步拟定挤出机各段加热温度及螺杆转速，同时拟定其他操作工艺条件。

(4) 安装支管式机头模及板材辅机，调整辅机与Haake流变仪主机的距离。

(5) 测量狭缝机头口模的几何尺寸，如模缝的宽度、高度等。

七、实验步骤

(1) 正确安装Polylab系统的各部件，包括挤出机、口模等。

(2) 打开计算机和Haake流变仪的电源开关。

(3) 根据材料的性质，正确设置仪器参数和实验过程中所需要的各种参数。LDPE从挤出机加料段至均化段各区的温度分别为160℃、165℃、165℃。机头温度原则上高于挤出机均化段5~10℃，本实验取170℃。

(4) 仪器加热到预定的温度，稳定30min。

(5) 加料，预先观察实验仪器是否正常，然后根据预先设定的程序进行实验。

(6) 待熔体挤出板坯后，观察板坯厚度是否均匀，调整模唇调节器和阻力调节棒，使沿板材宽度方向上的挤出速度相同，使板坯厚度均匀。

(7) 正确安装板材/片材牵引装置，调节三辊压光机辊筒的温度，稳定一段时间后，将板坯慢慢引入三辊压光机辊筒间，并使之沿冷却导辊和牵引辊前进。

(8) 根据实验要求调整三辊压光机辊筒的间距，测量经压光后板材的厚度，直至符合尺寸要求。

(9) 结束实验，退出所有程序，关闭电源，清理现场。

八、注意事项

(1) 挤出机料筒及机头温度较高，操作时要戴手套，熔体挤出时，操作者不得位于机头的正前方，防止发生意外。

(2) 调节机头和三辊压光机时，操作动作应轻缓，以免损伤设备。

(3) 取样必须待挤出压光的各项工艺条件稳定、板坯或板材试样尺寸稳定方可进行。

九、思考题

(1) 塑料片材和板材的应用领域有哪些？

(2) 哪些材料适合于片材/板材的挤出成型？

(3) 在片材成型加工中，常出现厚度不均、表面翘曲不平、表面粗糙、有凹坑或隆起、内部有气泡等不正常现象，请从片材/板材的装置、工艺流程及参数控制等方面，分析其原因，并给出解决办法。

实验十一 聚合物流变性能实验

一、实验目的

(1) 掌握毛细管流变仪的结构和实验原理。

（2）掌握毛细管流变仪操作方法。

（3）掌握通过分析实验结果去确定高分子材料加工条件的方法。

二、实验原理

毛细管流变仪主要用于聚合物熔体流变行为的测试，其主要优点在于操作简单，温度和剪切速率调节范围宽。测量高分子材料的流变学物理量有助于学生了解高分子材料的加工特性，确定适宜的加工条件。

工作原理：聚合物在料筒里被加热熔融，料筒的下部安装 1 个口模，温度稳定后，传动系统带动压料杆向下运动把聚合物从毛细管口模中挤出来，流变仪软件通过计算得出实验结果。本机为计算机测控智能化恒压式毛细管流变仪，能在恒压或恒定速度下工作，记录挤出速度、压力和加热温度，自动处理实验数据，并绘制负荷-位移曲线。

三、实验仪器

毛细管流变仪，技术参数如下。

① 温度范围：室温～400℃。

② 升温速率：1℃/min、2℃/min、3℃/min、4℃/min、6℃/min，连续可调并可快速升温。

③ 压力范围：1～50MPa。

④ 传感器的额定负荷值：5kN。

⑤ 负荷测量精度：±1%。

⑥ 位移测量精度：±0.5%。

⑦ 变形测量精度：±1%。

⑧ 变形分辨率：0.01mm。

四、实验步骤

（1）将口模装入炉体但不要拧紧。

（2）打开计算机，启动主机，双击"流变仪"图标进入流变控制软件界面。

（3）打开实验条件设置。

① 输入实验单位、实验人姓名、实验材料、保存路径。

② 设定传感器额定值、位移额定值、实验保护负荷、材料恒温时间、初始加压时间等参数。

（4）选择实验方法，输入实验温度和压力。

（5）温度达到设定温度后，拧紧口模；将样品分次加入料筒，立即用加料杆压实，预热5～10min。

（6）设置完毕后，单击"进入实验"，实验变形及实验负荷清零。

单击"准备实验"按钮，进入力值调零与升温。力值自动调为零点，当温度升到设定值"开始实验"按钮被激活。单击"开始实验"按钮实验开始，按实验提示框提示进行实验。

（7）挤出一段 4cm 长的料条并切下，在起始端做标记，测量料条上靠近标记端的直径。

五、注意事项

（1）启动设备时，首先打开计算机再启动主机；该仪器不允许频繁启动，不允许超负荷使用。

（2）达到设定温度时，再拧紧口模。

（3）安装压料杆时，有标记的朝外。

（4）仪器运行时实验人员不能离开，压料杆下行时防止速度过快压到料上使仪器损坏。

（5）实验结束后及时清理口模。

六、思考题

（1）与旋转流变仪比较，毛细管流变仪有何优点？

（2）分析 PE 的流变数据，确定挤出造粒（PE）的加工条件。

实验十二　塑料的简易鉴别实验

一、实验目的

掌握密度法和燃烧法对常用塑料进行鉴定。

二、实验原理

1. 密度法

由于不同种类的塑料其密度不同，根据这一特性，把塑料试样放于已知密度的液体中，观察其沉浮情况，便可初步确定试样的密度，从而鉴别塑料的种类。常见塑料的密度见表 3-5。

表 3-5　常用塑料的密度

塑料品种	密度/(g/cm³)	塑料品种	密度/(g/cm³)
聚 4-甲基戊烯-1(TPX)	0.83	丙烯腈、丁二烯苯乙烯共聚物(ABS)	1.05～1.10
聚丙烯(PP)	0.90～0.91	尼龙 6(PA6)	1.15
低密度聚乙烯(LDPE)	0.91～0.94	聚甲基丙烯酸甲酯(PMMA)	1.18
高密度聚乙烯(HDPE)	0.94～0.96	聚碳酸酯(PC)	1.20
聚苯乙烯(PS)	1.05～1.06	硬聚氯乙烯(RPVC)	1.35～1.50
苯乙烯-丙烯腈共聚物(AS)	1.07～1.10	酚醛树脂(PF)	1.40
改性有机玻璃 372#	1.18	聚甲醛(POM)	1.41～1.43

2. 燃烧法

（1）塑料分为热塑性和热固性两大类。在受热时，热固性塑料变脆、发焦并不软化；而热塑性塑料则发软甚至熔融，这是系统鉴别的基本分界线。

（2）含氯、氟及硅元素的塑料，都不易燃烧或有离火自熄性。相反，含硫和硝基的塑料，就极易着火与燃烧。乙烯、丙烯、异丁烯等的聚合物与烷类化合物的结构相似，燃烧时的特性也相同。有苯环和不饱和双键的塑料，在燃烧时会冒黑烟。

（3）塑料在燃烧时，会分解成单体或其他结构的低分子化合物，产生特殊的气味。例如 PMMA、PS、POM 能分解成单体，PE、PP 则裂解成碳数不等的碳氢化合物，PVC、PVDC 则分解放出大量氯化氢。

所有这些加热燃烧的现象，都可作为塑料鉴别的依据。

三、实验仪器和试剂

酒精灯 1 盏，镊子 1 把，试管若干支，玻璃棒 1 支。

95％酒精，氯化钙，食盐，各种塑料（粒料或破碎料）。

四、实验步骤

1. 密度法

（1）配制已知密度溶液，配制比例见表3-6。溶液配制好后，应用液体密度计校正其密度。

表3-6 溶液的配制

溶液种类	密度/(g/cm³)	配制比例
水	1.00	蒸馏水
58.4％酒精水溶液	0.91	取 80mL 95％酒精和 50mL 水
55.4％酒精水溶液	0.925	取 70mL 95％酒精和 50mL 水
饱和食盐水	1.19	26g 食盐溶于 74mL 水中
氯化钙水溶液	1.27	50g 氯化钙溶于 75mL 水中

（2）取 5 支试管，分别盛入上述 5 种液体 5～10mL。

（3）取各种塑料粒（每次 1～2 粒）分别投入上述盛有液体的试管中，用玻璃棒轻轻搅拌（以去除粒料上的气泡），静置。

（4）观察各种塑料在各种液体中的沉浮现象，既可判断该种塑料的密度范围，并作记录。

2. 燃烧法

用镊子夹持塑料粒（或小片）置于火焰中燃烧，观察燃烧时的各种情况，并作记录。

（1）实验燃烧的难易程度：极易、容易、缓慢燃烧、难、很难、或不燃等。

（2）离开火焰后，是继续燃烧还是立即熄灭，迅速完全燃烧、继续燃烧、缓慢熄灭、熄灭、离火即灭等。

（3）火焰颜色如何、有无烟雾，火焰上、下端情况：浅蓝色、蓝色、绿色、淡黄色、黄色、橙黄色、暗黄色、黄褐色，少量黑烟、黑烟、浓黑烟、黑烟炭束、火化、飞溅、白烟雾等。

（4）试样的状态变化：迅速完全的燃烧、熔融滴落、融化、软化、起泡、微微膨胀、膨胀、开裂、烧焦、变白等。

（5）放出的气味如何：苯乙烯气味、丙烯腈气味、甲醛刺激气味、苯酚味、酸味、刺激性酸味、石蜡燃烧气味、石油味、橡胶燃烧味、花果臭、腐烂蔬菜臭、鱼腥味、毛发烧焦味以及其他特殊气味等。

实验时，先用已知试样进行燃烧实验，观察现象并记录。再以未知试样进行同样实验，观察现象并作记录。将两者对比即可鉴别未知试样的类别。表3-7列出常用塑料燃烧特性供鉴别时参考。本实验除使用酒精灯外，尚可使用火柴、打火机、煤油灯等其他火焰。

表3-7 常用塑料燃烧特性

塑料名称	燃烧难易	离火后是否自熄	火焰状态	塑料变化状态	气味
PVC	难	离火即灭	上端黄色,下端绿色,白烟	软化	刺激性酸味
PE	容易	继续燃烧	上端黄色,下端蓝色	熔融滴落	石蜡燃烧气味
PP	容易	继续燃烧	上端黄色,下端蓝色	熔融滴落	石油味
PS	容易	继续燃烧	橙黄色,浓黑烟炭束	软化,起泡	特殊,苯乙烯单体味

塑料名称	燃烧难易	离火后是否自熄	火焰状态	塑料变化状态	气味
AS	容易	继续燃烧	黄色,浓黑烟	软化,起泡,比 PS 易焦	特殊,丙烯腈味
ABS	容易	继续燃烧	黄色,黑烟	软化,烧焦	特殊
PA	慢慢燃烧	慢慢熄灭	蓝色,上端黄色	熔融滴落,起泡	特殊,羊毛,指甲烧焦气味
POM	容易	继续燃烧	上端黑色,下端蓝色	熔融滴落	强烈的刺激甲醛味、鱼腥臭
PC	慢慢燃烧	慢慢熄灭	黄色,黑色碳束	熔融起泡	特殊气味,花果臭
PMMA372#	容易	继续燃烧	浅蓝色,顶端白色	融化,起泡	强烈花果臭,腐烂蔬菜臭
聚醋酸乙烯	容易	继续燃烧	暗黄色,黑烟	软化	醋酸味
酚醛树脂	难	自熄	黄色火花	开裂,色加深	浓甲醛味
酚醛树脂(木粉)	慢慢燃烧	自熄	黄色	膨胀,开裂	木材和苯酚味
三聚氰胺树脂	难	自熄	浅黄色	膨胀,开裂,变白	特殊气味,甲醛味
聚酯树脂	容易	燃烧	黄色,黑烟	微微膨胀,有时开裂	苯乙烯气味

五、实验结果

(1) 列表记录各种已知及未知塑料试样在各种已知密度液体中的沉浮情况,从而判别未知试样的塑料品种。

(2) 列表记录各种已知及未知塑料试样的燃烧情况,从而判别未知试样的塑料品种。

六、注意事项

(1) 采用密度法时,使用的液体应对塑料无溶解、溶胀或化学作用。

(2) 燃烧时放出毒性气体的塑料不宜采用燃烧法鉴别。

七、思考题

(1) 密度法鉴别塑料试样品种的依据是什么?若试样悬浮于液体中,则试样的密度为多少?

(2) 含有苯环或不饱和键的塑料燃烧时为什么会冒黑烟?

实验十三　手糊成型制备玻璃钢实验

一、实验目的

使学生掌握不饱和聚酯玻璃生产工艺过程和不饱和聚酯玻璃钢的配方,并使学生了解不饱和聚酯玻璃钢的用途等。

二、实验原理

不饱和聚酯树脂是由不饱和的二元酸和饱和的二元醇或饱和的二元酸与不饱和的二元醇酯化而成的线型树脂,然后再与乙烯类单体聚合成网状聚合物。

不饱和聚酯玻璃钢的制造,除不饱和聚酯树脂外,还使用乙烯类单体(如苯乙烯、邻苯二甲酸、二丙烯酮等)作为形成交联链的交联剂,使用过氧化物(如过氧化环己酮、过氧化乙酮等)作为催化剂,使用环烷酸钴、萘二甲酸钴等作为促进剂。按所加入催化剂和促进剂的配合不同，树脂可于加热或不加热情况下硬化，因此可采用手糊成型。

玻璃布在不饱和聚酯玻璃钢中作为增强材料，使制品的力学性能有较大提高。

三、实验仪器试剂

成型模具 1 套，天平（感量 0.5g）1 台，剪刀 1 把，刷子 1 把，玻璃棒 2 支，烧杯（250mL 2 个，200mL 1 个）。

不饱和聚酯树脂，过氧化环己酮，钴苯（苯乙烯和环烷酸钴），玻璃布（按模具大小裁），脱模蜡，颜料，钛白粉（或碳酸钙）。

四、实验步骤

1. 模具处理

清理模具表面，涂上薄而均匀的脱蜡膜，涂蜡要反复涂数次直到模具表面发光为止。

2. 原料混合

按配方称好不饱和聚酯树脂，先取少量树脂与钛白粉（或碳酸钙）混合，混合均匀后再把剩余的树脂加入搅匀，然后加入钴苯，最后加过氧化环己酮，将其充分混合。

3. 涂布

先在模具上涂一层薄的树脂（约 0.2mm 厚），稍停片刻再涂一次树脂，粘上一层玻璃布，每粘一层玻璃布时，必须进行平压排气，以免制品有气泡。若模具简单可整块粘上，形状复杂的应按模具需要剪成小块，逐块粘。黏结时必须注意布与布之间搭接，否则布与布之间留有间隙，造成制品强度下降。粘好最后一层，再涂上一层树脂，待固化后脱模。

4. 固化脱模

一般在室温下停放 24h 使其固化，若要加快固化时间，可适当增加引发剂和促进剂。固化脱模时，要注意由外围向中心逐步将制品脱离模具，切勿用金属工具敲打，以免损坏制品及模具。

五、注意事项

（1）玻璃布要粘平。

（2）涂料要均匀。

（3）转角或边上要加固。

（4）冬天钴苯用量可稍多加些。

（5）称取过氧化环己酮时要摇匀。

六、思考题

（1）配制不饱和聚酯树脂应注意什么问题？

（2）涂脱模蜡时应注意什么问题？为什么？

（3）粘接玻璃布注意什么问题？

实验十四 PET 塑料瓶吹塑成型实验

一、实验目的

（1）掌握塑料吹塑成型的加工原理及工艺过程。

（2）分析吹塑成型工艺和制品质量的影响因素。

二、实验原理

吹塑成型是将挤出或者注射成型的塑料管坯（型坯）趁热（处于半熔融的类橡胶态时）置于模具中，并及时在管坯中通入压缩空气将其吹胀，使其紧贴于模腔壁上成型为模具的形状，经冷却脱模后即制得中空制品。此方法可用于聚乙烯、聚氯乙烯、聚丙烯、聚苯乙烯等塑料的成型加工，也可用于聚酰胺、PET 和聚碳酸酯等的加工。

三、实验仪器与原料

实验仪器：新 YM 系列半自动吹瓶机，如图 3-8 所示。
实验原料：PET 材质半成品注塑瓶坯，如图 3-9 所示。

图 3-8　新 YM 系列半自动吹瓶机

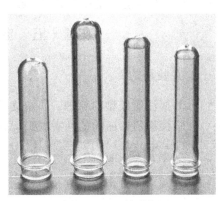

图 3-9　PET 材质瓶坯

四、实验步骤

（1）打开电源柜中的空气压缩机（东/西）、加热器（东/西）及柱子电源（控制吹瓶机）等电源。

（2）打开空气压缩机上的旋钮（若其处于关闭状态）。

（3）红外加热器操作如下。

① 打开红外线加热器温控表电源，根据瓶坯大小，小瓶（西侧）打开上面 4 个温控表电源，大瓶（东侧）打开 8 个温控表电源。

② 打开风机 2，防止加热器内局部过热。

③ 分别打开自传、公转电机按钮。

④ 加热器温度稳定 15min，再放入瓶坯。瓶坯应连续放置且数量不能太少，否则易引起白色环状结晶带，不利于吹塑成型。为节约瓶坯，可在第一个和最后一个放入已结晶的废弃瓶坯。

（4）半自动吹瓶机操作如下。

① 计数器清零。

② 将选择开关设为"自动"模式。

③ 持加热后的瓶坯口部将其卡入吹瓶模具。

④ 同时按下两个绿色的启动开关，设备自动完成合模、封口、拉伸、吹气、排气、升

杆、开模、停止等工序。

⑤ 待模具自动打开后，取下成型的瓶体。

⑥ 放入下一组瓶坯，重复上述操作。

（5）结束操作。

① 依次关闭温控表电源、公转电机、自传电机开关。

② 风机 2 继续工作几分钟，待红外加热器冷却后，再关闭风机 2。

③ 关闭电源柜中的空气压缩机（东/西）、加热器（东/西）及柱子电源（控制吹瓶机）等电源。

五、思考题

（1）PET 塑料瓶能进行吹塑成型加工的依据是什么？

（2）影响 PET 塑料瓶吹塑成型制品质量的因素有哪些？

实验十五　塑料瓶盖的注射成型实验

一、实验目的

（1）掌握注射成型的原理，了解立式注塑机的结构。

（2）掌握聚乙烯瓶盖的注射成型操作过程，了解工艺参数对制品性能的影响。

二、实验原理

塑料制品生产过程指的是将原料粒经过加工生产得到合格的塑料成品的过程。其完整的加工过程一般包括：预处理（干燥等）→模塑成型→后处理（修整、去应力等）→机械加工→修饰以及装配等。上述各工序中，除了"模塑成型"是必不可少的外，其他步骤的有无则视原料的不同和对塑料制品的使用要求不同而定。而注射成型是塑料加工中最普遍采用的方法之一。注射成型原理是将塑料颗粒定量加入注塑机的料筒内，通过料筒的传热以及螺杆转动时产生的剪切摩擦作用使塑料颗粒逐步熔化呈熔体，然后在柱塞或螺杆的压力推挤下，以一定的流速通过料筒前端的喷嘴注入到温度较低的闭合模具的型腔中。由于模具的冷却作用，使模腔内的熔融塑料逐渐凝固并定型，最后开启模具，便可以从模腔中推出具有一定形状和尺寸的注塑件。

注射成型的基本要求是塑化、注塑和成型。塑化是实现和保证成型制品质量的前提，而为满足成型的要求，注塑必须保证有足够的压力和速度。同时，由于注塑压力很高，相应地在模腔中产生很高的压力，因此必须有足够大的合模力。注塑装置和合模装置是注塑机的关键部件。

立式注塑机的锁模部分与注射部分处在同一垂直中心线上，且模具沿垂直方向运行。其优点是占地面积小，容易安装模具和放置嵌件，料粒能均匀地进入料筒塑化；缺点是重心不稳，平衡性差，料斗上料困难，制品顶出后不能自动落下，不易实现自动化生产，常用于注射量在 60g 以下的机型。

立式注塑机主要包括注射部分、合模部分和控制系统 3 大部分，细分如下。

（1）注射部分。将塑料均匀地塑化，并以足够的压力和速度将一定量的熔融塑料注射到模具型腔中。

（2）合模部分。实现模具的启闭，提供足够的锁模力，并顶出制品。

（3）液压系统。提供注射部分和合模部分运行时所需的压力、速度和方向。

（4）电气系统。保证机器按工艺过程预定的压力、速度、温度和时间的要求及动作程序准确有效地工作。

（5）润滑系统。为各运动部件提供润滑油。

（6）安全装置。为操作者及机器、模具和电器提供安全保障。

（7）机架。有效连接机床各部位。

通过注塑机各组成部分的运转可以实现有效的工作循环：合模→注射→保压→预塑（冷却）→开模→顶出→下一循环。

三、实验仪器与原料

实验仪器：AT-400 立式注塑机（如图 3-10 所示）。

实验原料：聚乙烯粒料。

四、实验步骤

（1）打开电源柜中注塑机的电源开关。

（2）合上注塑机后面板上的电源开关（在注塑机右侧后方）。

（3）检查加料漏斗中是否有料，如缺料，则加入适量聚乙烯原料。

（4）通过注塑机数显模板进行如下参数调节。

① 按"手动"键，进入手动模式。

图 3-10　AT-400 立式注塑机

② 设定合适的工艺参数。

③ 按"马达"键，启动注塑机马达系统。

④ 按"电热"键，给注射系统加热。

⑤ 按"开模"键，检查模具及开启是否正常。

⑥ 按"调模"键，检查模具关闭是否正常。

⑦ 按"座进"键，检查胶枪柱下降是否正常。

⑧ 按"座退"键，检查胶枪柱上升是否正常。

（5）检查完毕，待显示屏中所示的胶枪 3 段温度上升至设定温度后，即可进行注塑操作前的准备。

① 按"调模"键，关闭模具。

② 按"加料"键，进行初始加料（半自动模式的注塑过程中不需要手动加料，仅此一次）。

③ 按"座进"键，将胶枪柱下降至座底。

④ 按"半自动"键，进入半自动模式。

（6）注塑操作。

① 双手同时按下操作台正前方的两个绿色按钮，观察到模具闭合，待听见注射的马达声后松开双手即可。

② 注塑机自动开模后，会观察到塑料瓶盖被自动顶起，取下注塑件，并清理模具射胶通道的废胶。

③ 重复以上两个步骤进行注射成型。

（7）注塑完毕，进行如下整理操作。

① 切换到手动模式，将模具关闭。

② 将胶枪柱上升。

③ 按"射胶"键，将胶枪柱内的残留胶射出并清理。

④ 依次按"电热""马达"键，使之关闭。

⑤ 关闭机器后面板电源开关。

⑥ 关闭电源柜中注塑机开关。

五、思考题

（1）塑料注射成型工艺的料筒温度设定应满足什么要求？

（2）影响注射成型产品质量的主要因素有哪些？

附　录
实验报告模板

实验名称			
学生姓名		班级	
项目	操作	实验目的、原理、步骤、注意事项	结果分析与思考题	总分
实验分数	满分 30	满分 35	满分 35	100

一、实验目的

二、实验原理

三、实验步骤（包含仪器名称、仪器结构等）

四、注意事项

五、绘图

六、结果分析与思考题

第四部分
综合实验

一、实验目的

(1) 掌握苯丙乳液聚合原理、生产工艺优缺点和聚合物结构分析。

(2) 掌握涂料的配方组成、各组分的作用及涂料的制备过程。

(3) 掌握涂膜原理、涂料性能指标及其国标测试方法。

(4) 掌握实际生产中的工艺流程方块图绘制、原料成本预算和三废处理方法。

二、实验过程

1. 苯丙乳液的合成

(1) 称取过硫酸钾加水 8g 配成溶液，碳酸氢钠加水 5g 溶解备用。

(2) 称取聚乙烯醇 0.3g 加入 45g 水加温溶解配成水溶液，冷却至室温，加入十二烷基磺酸钠 1.31g，再加入非离子活性剂 OP-10 3.28mL，补加 18g 水。

(3) 将苯乙烯、丙烯酸丁酯、甲基丙烯酸甲酯经碱洗、水洗、分液后加入到上述溶液中，加入丙烯酸 1.2mL，碳酸氢钠溶液，强烈搅拌 30min 得预乳液。

(4) 制备种子乳液：向四口烧瓶中加入 1/4 的预乳液和 1/3 的引发剂水溶液，低速搅拌，升温至 78℃，出现蓝光。

(5) 把剩余乳化剂和引发剂连续加入三口烧瓶中，在 2～3h 内滴完，控制滴速。

(6) 加完乳液后，85℃下保温 1h，冷却至室温，加入氨水调节 pH＝8～9，得微有蓝光的乳白黏稠液体。

2. 红外光谱测试

将上述制备的乳液用 0.1mol/L 的盐酸破乳，用索氏提取器丙酮洗涤后，将获得的聚合物烘干用于其结构分析。

3. 涂料的制备

(1) 按照涂料配方，先将 550g 水加入高速搅拌机，在低速下加入防霉剂、成膜助剂、增稠剂、分散剂、2/3 消泡剂，搅拌 10min。

(2) 混合均匀后，将颜料、填料慢慢加入搅拌机，调节搅拌机叶轮与调漆桶底之间为合适距离，加完后，高速分散 30min。

(3) 当细度合格后，即分散完毕，将上述色浆加入到涂料桶中，搅拌下再加入苯丙乳液，补水至配方给定的量，加入剩余助剂。

(4) 用水或增稠剂调整黏度，使其在平面上呈上大下小的平面状流下。

4. 涂膜的制备

(1) 将涂料用刷子搅拌均匀。

(2) 用毛刷将制备好的涂料均匀刷在玻片上，注意刷的时候力度均匀，保证涂膜厚度均匀适宜。

(3) 干燥 1 周后，进行硬度测试和附着力测试。

5. 涂膜的性能测试

(1) 硬度测试

① 安装摇摆硬度测试仪，接通电源，进行仪器校正。

② 将干燥 1 周后的涂膜玻片放置在工作台上，观察其从 2°～5°摆动所用的次数，记录下来，并按相应公式计算硬度。

(2) 附着力测试

① 安装 QFZ 型漆膜附着力测定仪。

② 将干燥 1 周后的涂膜玻片放置在工作台上，加上砝码，固定针头。

③ 转动手轮，记录转动 10 圈后，每圈残余涂膜部分所占完整 1 圈的百分比。

三、综合实验报告

学院　　　　学生　　　　综合实验　　　　第　页　共　页

综合实验报告

1　前言

2　实验部分

2.1　实验仪器及原料

(1)仪器

(2)原料及配方

名称	用量	名称	用量

2.2　实验目的

2.3　实验原理

2.4　实验过程

3　结果与讨论

3.1　合成聚合物的红外光谱分析

3.2　合成乳液外观观察

3.3　涂料性能测试

3.4　结果分析

4　工艺流程方块图

4.1　合成苯丙乳液工艺流程方块图

4.2　制备涂料工艺流程方块图

5　产品成本预算

5.1　合成 1t 苯丙乳液涂料所需产品成本

学院	学生	综合实验	第　页　共　页		
序号	原料名称	单位	单耗	单价/(元/kg)	金额/元
1					
2					
3					
4					
5					
6					
7					
8					
9					
10					
11					
12					
13					
14					

5.2　合成121.6kg的苯丙乳液涂料所需原料成本

序号	原料名称	单位	单耗	单价/(元/kg)	金额/元
1					
2					
3					
4					
5					
6					
7					
8					
9					
10					
		合计			

6　三废处理

6.1　实际生产产生的环境污染及处理

6.2　节能

7　结论

参考文献

参 考 文 献

［1］ 华幼卿，金日光.高分子物理.4 版.北京：化学工业出版社，2013.

［2］ 何曼君等.高分子物理.3 版.上海：复旦大学出版社，2008.

［3］ 姚金水.高分子物理.北京：化学工业出版社，2016.

［4］ 潘祖仁.高分子化学.5 版.北京：化学工业出版社，2011.

［5］ 陈厚等.高分子材料分析测试与研究方法.2 版.北京：化学工业出版社，2018.

［6］ 陈厚等.高分子材料加工与成型实验.2 版.北京：化学工业出版社，2018.

［7］ 刘建平，宋霞，郑玉斌.高分子科学与材料工程实验.2 版.北京：化学工业出版社，2017.

［8］ 陈平，廖明义.高分子合成材料学.3 版.北京：化学工业出版社，2017.